情绪与行为

——注意视角下的研究

贾丽萍 / 著

中国海洋大学出版社

·青岛·

图书在版编目(CIP)数据

情绪与行为：注意视角下的研究 / 贾丽萍著.—
青岛：中国海洋大学出版社，2019.6
ISBN 978-7-5670-2155-6

Ⅰ.①情…　Ⅱ.①贾…　Ⅲ.①情绪－自我控制－研究
Ⅳ.①B842.6

中国版本图书馆 CIP 数据核字(2019)第 063167 号

出版发行	中国海洋大学出版社			
社　　址	青岛市香港东路 23 号		邮政编码	266071
出 版 人	杨立敏			
网　　址	http://pub.ouc.edu.cn			
电子信箱	oucpublishwx@163.com			
订购电话	0532－82032573(传真)			
责任编辑	王　晓		电　　话	0532－85901092
印　　制	蓬莱利华印刷有限公司			
版　　次	2019 年 6 月第 1 版			
印　　次	2019 年 6 月第 1 次印刷			
成品尺寸	140 mm×203 mm			
印　　张	5.75			
字　　数	142 千			
定　　价	32.00 元			

发现印装质量问题,请致电 13964518613,由印刷厂负责调换。

序
Preface

　　心理学是用科学的研究方法探索人类心理活动规律的科学。人的心理是人脑对客观世界的主观能动反应,这些反应是从注意加工过程开始的。因此,研究注意这一心理加工过程的特点及规律,对于探究个体行为的规律和特点具有重要意义。同时,情绪是人脑对客观外界事物与主体需求之间关系的反应,是一切心理活动的背景,对个体的注意过程可产生重要影响,而以前关于注意的研究大都忽视了来自情绪的影响。因此,研究情绪对注意的影响,对于充实心理学理论研究,提高个体的生活质量具有重要意义。

　　作为一名心理学专业研究者,近年来,我领导的课题组共同努力、分工协作、密切配合,立足当代认知发展心理学的前沿,围绕不同年龄人群的注意过程开展了一系列的实证研究,取得了一些具有理论意义和现实启发性的研究成果。贾丽萍同志是我的学生,也是我课题团队的成员之一,她在学习和工作中善于学习、勤于钻研,在攻读硕士和博士学位期间,围绕情绪与注意的关系开展了一系列认知心理学的实验,对情绪信息的注意特点、情绪影响个体注意过程的规律等方面进行了研究,并在此基础上完成了她的硕士和博士论文。本书是她研究成果的集中体现。通观全书,我认为该书内容丰富充实,主题突出。全书以人类的注意加工过程研究为主线,以情绪对个体注意的影响为主题,在研究方法上,实现了对认知实验、事件相关电位记录等多种方法的有效整合,其研究成果对于提高个体的注意品质,进而提高学习效率、提升生活质量具有重要的现实意义。

作为她的导师,我对贾丽萍同志所取得的成绩感到欣慰。当然,作为一名正在成长中的青年学者,她的著述中也难免还存在一些不足之处,相信这些不足也恰恰能成为她学术成长道路上的基石。

我期待着贾丽萍同志在今后的学术研究和工作中取得更加出色的成绩。

是为序。

王敬欣

天津师范大学博士生导师

2019 年 4 月于英国南安普顿大学

行为主义心理学是影响心理学发展的一个重要理论流派,其代表人物华生在《行为主义者心目中的心理学》一文中明确指出:行为主义的理论目标就是对行为的预测和控制,对人的外在可观察的行为的研究是探索和研究人的心理的根本途径。人的心理是人脑对客观世界的主观能动反应,这一反应是从注意过程开始的。研究注意过程的特点及规律对探究个体行为的规律和特点具有重要的意义。

此外,情绪是无时无刻不伴随我们的一种心理体验,是随人类进化而来的一种心理机能,是人对外界客观事物的内在体验。情绪是各种认知活动的背景,它对各种认知功能都会产生重要的影响,对个体的社会适应具有重要的作用。比如,愉快情绪可扩大个体的注意范围、提高记忆成绩、影响个体的抑制控制能力。临床研究也发现,对情绪信息的注意出现障碍可能是某些精神疾病发生和发展的基础。

情绪对个体的注意过程可产生重要影响，而以前关于注意的研究大都忽视了情绪的影响。因此，研究情绪对注意的影响，对于充实理论研究、提高个体的生活质量以及解释这些情绪障碍的发生和发展、为其诊断和治疗提供依据都有重要意义。

目录
Contents

第一部分　文献综述

1　注意

1.1　注意概述

注意是意识或者心理活动对一定对象的指向与集中，即注意具有指向性与集中性。它是心理学中一个重要的研究课题，其中注意偏向与注意抑制是注意研究中的两大领域。

一般来说，一些具有显著特征的奇异刺激能够自动地把注意引向其所在的空间位置，从而加快对这个位置上刺激的加工。如果这个奇异刺激是靶子，那么对靶子的反应时将会加快；如果是干扰刺激，那么它将会妨碍对其他位置上的靶子加工，这种奇异刺激不受当前任务的制约而吸引注意的现象叫作注意捕获（Attentional Capture）（储衡清，周晓林，2004）。传统的理论认为，只有很简单的物体属性，例如，颜色、明度或空间特征可以在集中注意之前捕捉到注意。但是 Wolfe 和 Horowitz（2004）却认为，面孔和面孔表情也一样能够在集中注意之前捕获到注意。Lang（1995）认为对情绪信息的加工是一个自动化的过程，自下而上，由刺激驱动。在注意实验中，与不带情绪色彩的刺激相比，具有情绪含义的刺激更能吸引注意或占用注意资源,引起注意偏向。实验中所用的情绪刺激包括词汇、事件/场景图片、卡通图、简笔画以及真人照片(彭晓哲,周晓林,2005)。

由于我们的视觉系统一定时间内只能加工有限的资源,所以当信息量非常大时,就需要对这些加工信息做出必要的取舍与选择。人们把跟目前任务、目的等有关的信息通过比较、整合,排除、抑制无关信息的干扰,利用灵活、优化的方式实现特定的目标就是通过注意控制来实现的。也就是说,人类若想对目标进行有目的的加工,就必须能够对目标之外的刺激进行有效的抑制,以避免干扰刺激对目标刺激的干扰,因此注意抑制也是注意中一个重要的方面。

1.1.1 注意的功能

注意作为一种复杂的心理活动和积极的心理状态,它主要有以下两种功能。

(1)选择功能

注意的基本功能是对信息进行选择。客观世界中存在着大量的刺激,注意使心理活动选取有意义的、符合当前需要的刺激,排除或抑制不重要的、无关的刺激。注意的选择功能使心理活动具有一定的方向性。从这个意义上说,注意为人的认识活动设置了一道过滤机制,使人们能在纷繁复杂的刺激面前做出有意义的选择,为人们更好地适应和改造环境提供了条件。

(2)维持功能

大量信息输入后,必须经过注意才能使刺激信息在意识中得以保持，否则就会很快消失。注意对象的映象或内容保持在意识中，人的大脑才能对其进行进一步的加工，直到任务完成为止。如果注意的对象转瞬即逝，正常的心理活动也就无法进行。

总之，注意虽然不是一种独立的心理过程，但它是信息进入认知系统的门户，是人们获取知识、掌握技能、完成各种智力操作的重要条件。只有在注意状态下人们才能有效地监控和调节自己的行为，从而顺利完成活动，实现预定目的。

注意在学习过程中具有重要的作用。俄国著名教育家乌申斯基曾经把注意比喻为通向心灵的一扇门户，知识的阳光是通过这扇门户照射进来的。我国古代教育家荀子指出："君子壹教，弟子壹学，亟成。"壹，就是专一，就是集中注意。意思是说，教师专一地教，学生专一地学，很快就能够成功。众所周知，有些孩子学习成绩差，并不是智力低下，而是由于缺乏良好的注意品质，上课时不专心听讲，东张西望，心不在焉。在这种心理状态下，就不可能很好地掌握所学的知识。重视组织学生的注意，是教师保证教学成功的一个重要条件。

1.1.2　注意的外部表现

人在集中注意时，常常伴随着特定的生理变化和某种外部的动作或行为，这些外部的动作或行为称为注意的外部表现。它们可以作为研究注意的客观指标。

注意的外部表现主要有以下几种。

（1）适应性动作

这是注意时最明显的外部表现。人在注意时，有关的感觉器官总是朝向注意的对象,以便得到最清晰的印象。例如侧耳倾听、凝神远望。当人们沉浸于思考或想象时,眼光似乎"呆视"某处,或托颔沉思等。

(2)无关动作停止

这是紧张注意的一种特征。当人在紧张注意时,除了感觉器官朝向刺激物外,身体肌肉也处于紧张状态,这时多数无关的动作停滞下来。例如,学生上课专心听讲时,全神贯注地盯着老师,就不再有交头接耳等小动作。

(3)呼吸运动的变化

人在集中注意时,呼吸变得轻微而缓慢,并且会出现吸气变短、呼气延长的现象。当注意高度集中时,甚至会出现呼吸短暂停止的"屏息"现象。

此外,在紧张注意时,人还会出现血液循环变化,如心跳加速以及牙关紧闭、拳头紧握等现象。

人们可以根据一个人的外部表现来推断他的注意状况。但是,有时注意的外部表现可能与内部状态不相符合。比如,通常所说的"心不在焉",就是指注意貌似集中于某一事物,而心理活动实际上指向于另一事物,即注意的指向与感官朝向不一致。

1.1.3 注意的生理机制

注意就其产生方式来说,是有机体的一种定向反射。所谓定向反射,是指当新异刺激出现时,有机体将有关感受器转向新异刺激的方向,以便更好地感知这一刺激。定向反射是注意最初级的生理机制。

　　注意需要机体处于觉醒状态，没有觉醒就不可能产生注意。觉醒状态主要靠网状结构的上行激活系统来维持。网状结构是指从延髓到丘脑之间的弥散性的神经网络，它对于维持大脑的觉醒状态具有重要意义。实验证明，对网状结构施以广泛的电刺激，能迅速地激活大脑皮层，甚至可以使动物从睡眠中唤醒。而这一区域受到损伤的病人，往往会陷入昏睡，无法对外界的各种刺激发生反应。

　　选择性注意还需要边缘系统和大脑额叶的参与。在额叶和边缘系统中，有一些特殊的神经元，它们能对新旧刺激进行比较，对新的、变化的刺激产生反应，对旧的、习惯化的刺激产生抑制，因而对信息的选择起重要作用。临床观察发现，这些神经元集中的脑区受到破坏后，患者易出现分心的现象，意识的选择性和组织性趋于混乱，无法坚持主动的目的性活动。此外，额叶还能通过下行通路，维持和调节网状结构的紧张度，激活或抑制外周感受器的活动水平。临床观察表明，额叶严重损伤的患者，不能按言语指令集中注意，容易分心，对环境中的新异刺激过分敏感，不能抑制无关刺激的干扰，因而也就无法维持对特定信息的注意。

　　可见，注意是不同脑区协同活动的结果，既与大脑皮层的活动有关，也与皮层下结构的活动有关。

　　近年来，认知神经科学领域的研究发现，当注意指向一定的认知目标时，不仅提高了对目标进行加工的功能性神经结构的激活水平，而且抑制了对目标周围的分心物进行加工的神经结构的活动。这说明对分心信息的抑制也是选择性注意的重要机制。从而说明注意是一个激活与抑制的双重加工过程。

1.1.4 注意的种类

根据注意的产生有无预定目的，以及保持注意时是否需要意志的努力，可以把注意分为无意注意和有意注意两种。

（1）无意注意

无意注意又称为不随意注意，指事先没有预定目的，也不需要进行意志努力的注意。

无意注意是在新异刺激的直接影响下，个体不由自主地对该刺激物给予的关注。例如，学生正在教室认真听课，门外突然进来一个人，学生就会不由自主地向来人看去；大街上突然出现一声巨响，行人都会禁不住地四处张望。

无意注意是注意的一种初级表现形式，动物也有无意注意。在这种注意活动中，人的积极性水平较低。一般认为，刺激物的特点和主体本身状态两个方面的因素容易引起无意注意。

刺激物的新异性是引起无意注意的最重要原因。新颖的、异乎寻常的刺激物很容易成为无意注意的对象；相反，刻板的、单调的刺激物，则很难引起人的无意注意。刺激物的新异性可以分为绝对新异性和相对新异性，前者是指人们从未经验过的事物，后者是指各种熟知刺激物的奇特结合。在日常生活中，引起人们无意注意的更多的是刺激物的相对新异性。

一般来说，刺激物强度越大，越容易引起人们的无意注意。强烈的刺激，如巨大的声响、耀眼的光线、浓烈的气味，都会引起人们的无意注意。

在无意注意中,刺激物的相对强度往往比刺激物的绝对强度更有意义。比如,在寂静的夜晚,轻微的耳语就能引起人的注意;但在炮火连天的战场,连雷声都很容易被忽略。

在静止的背景上,变化着的和活动着的刺激物容易引起人的无意注意。例如,夜空中一闪而过的流星,大街上一明一暗的霓虹灯,都很容易引起人们的注意。

刺激物的活动和变化情况还经常表现为刺激物的突然出现和停止,这种情况更容易引起无意注意。例如,教师在讲课过程中,偶然遇到课堂秩序紊乱,立刻停止讲课。这种刺激的突然停止就能引起学生的无意注意而使课堂秩序得以恢复。

某一种刺激物在强度、距离、大小、形状、颜色、声音等方面与周围的其他事物具有显著差异,形成鲜明的对比,就容易引起无意注意。例如人们通常说的"鹤立鸡群""万绿丛中一点红"等。

主体本身的状态也是引起无意注意的重要原因。易于引起无意注意的主体因素有以下几个。

主体的需要和兴趣:凡是能够满足主体需要、符合主体兴趣的事物都会使主体产生期待的心情和积极的态度,从而容易引起无意注意。例如,建筑设计师外出旅游时,由于职业的需要,各式各样的建筑物都会自然而然地引起他们的注意;而有关足球比赛的消息容易引起球迷的无意注意。

主体的情绪状态:无意注意在很大程度上受主体心境的影响。如果一个人心情舒畅、精神饱满,就容易对新鲜事物产生注意,而且注意也容易长久和集中。反之,如果一个人心境忧郁、情绪低落,平时容易引起注意的事物,这时也可能视而不见。

无意注意也与主体的特殊情感有关。凡是对某人或某事有着特殊感情的人,某人或某事的有关情况就容易引起他的注意。比如,一个爱孩子的母亲,对于自己孩子的任何细微的成长和变化都会注意到。

综上所述,刺激物的特点和主体本身的状态是引起无意注意的两个重要方面,但在现实生活中,这两个因素并不是孤立地发挥作用,而是常常紧密结合在一起,共同对无意注意的产生起作用。

(2)有意注意

有意注意又称为随意注意,指有预定的目的,必要时需要做出一定意志努力的注意。

有意注意是一种主动服从于一定的活动目的的注意,它受人的意识的调节和支配。有意注意的对象有时是不容易吸引人们注意,但又必须去注意的事物。因此,要使注意集中和保持在这样的事物上,就需要一定的意志努力。例如,有的学生对数学不感兴趣,但是为了掌握一定的科学文化知识,就需要克服困难,认真地做好数学作业,这时他的注意状态就是有意注意。

引起和保持有意注意的方法有以下几个。

明确活动目的:有意注意是一种有预定目的的注意,活动的目的越明确、越具体,对活动的意义理解越清楚、越深刻,有意注意就越容易引起和保持。

培养间接兴趣:间接兴趣是对活动目标和结果的兴趣,它在引起有意注意中起重要作用。间接兴趣越稳定,就越能对活动的对象保持有意注意。例如,开始学习外语时,背单词、记语法时,常常会感到枯燥乏味。但认识到学习和掌握外语的重要意义后,就能够克服各种困难,刻苦攻读,专心致志地学习。

同干扰做斗争:有意注意具有意志性特征,良好的意志品质是保持有意注意的重要条件。人在完成活动和任务时,常常会遇到一些干扰。这些干扰可能是外界的刺激物,也可能是机体的某些状态(如饥饿、疲劳、疾病等),还可能是一些无关的思想和情绪等。这时要顺利完成活动,就需要用坚强的意志同干扰做斗争,维持有意注意。实验表明,在有刺耳噪音(如汽车的喇叭声、工厂的切削声)的场合下,依靠坚强的意志努力,同样能把一项比较复杂的工作做好。

1.1.5 注意的品质

(1)注意的广度

注意的广度又称为注意的范围,是指同一时间内能清楚地把握的对象的数量。它是注意在空间上的特性。

注意的广度很早就受到心理学家的重视并对它进行实验研究。有关注意广度的一个古老的实验是往白盘子里撒黑豆子。若是撒3粒或4粒豆子,通常一眼就能看出来,即正确估计的百分率是100%;当撒上5粒黑豆时,被试的估计开始产生误差;撒的黑豆超过8粒时,错误估计次数占50%以上。

后来有人用速示器做实验,其结果和撒豆子实验差不多。在1/10秒时间内,成人一般能注意到7个左右的黑点或4~6个没有联系的外文字母或3~4个几何图形。

注意对象的特点是影响人的注意广度的重要因素。注意的对象集中,排列得有规律,彼此间整体性强,注意的广度就大;反之,注意的对象分散,排列得没有规律,注意的广度就小。研究表明:对颜色相同的字母要比颜色不同的字母的注意广度大;对排列成行的字母要比分散的字母的注意广度大;对大小相同的字母要比大小不同的字母的注意广度大;对组成词的字母要比孤立的字母的注意广度大。

注意的广度还受个体知识经验的影响。一个人在某一方面的知识经验越丰富,他对这一方面的注意广度就越大。比如,初学语文的小学生,只能逐字地阅读课文;而熟练掌握汉语的人,就能以词和短句为单位进行阅读。同初学语文的小学生相比,他们对汉字的注意广度大得多,阅读速度也快得多。

人的注意广度还存在着个体差异和年龄差异。不同人的注意广度是不同的,注意广度随着个体年龄增长而增大。

(2)注意的稳定性

注意的稳定性又称为注意的持久性,是指注意在同一对象或活动上所能维持的时间。它是注意在时间上的特性。

人的注意不可能长时间地保持不变,一般说来总处于起伏状态。例如,把一个带有一些黑点的白色圆盘装在混色轮上快速转动,盘上就会出现一圈一圈的灰色。由于靠近圆心的黑点在其相应的圆圈中所占的黑色比例较大,所以靠近圆心的圈灰色要深一些,靠近边缘的圈灰色相应浅一些。最靠边的圈灰色太淡,因此有时能看见,有时又看不见。这样,人看到的圆盘上的黑圈一会儿为 9 个,一会儿为 6 个,一会儿又为 4 个……这种所看到的灰色圈的数量不断变化的情况,反映出注意的起伏。

　　研究表明，注意平均每稳定 8～10 秒钟就会发生动摇。对于不同的刺激，注意起伏的周期又是不同的。声音刺激的注意起伏周期最长，其次是视觉刺激，触觉刺激的注意起伏周期最短。注意周期性的起伏，人们主观上一般意识不到，对人们的大多数活动也没什么影响，但对某些特殊活动，则有重要意义。譬如百米赛跑的预备信号与起跑信号之间相隔时间太长，那么运动员会由于注意起伏而使起跑受到明显影响。如果预备信号与起跑信号之间只隔 2 秒钟左右，则可以避免这种不良后果。

　　注意的稳定性与注意对象的特点和主体的状态有关。

　　在一定范围内，注意的稳定性程度随注意对象的强度和复杂性的增加而提高。如果刺激的强度较大，持续时间较长，注意就容易稳定。对于内容丰富的、活动变化的对象，注意容易保持稳定；而对于内容单调的、静止不变的对象，注意则难于稳定。

　　注意的稳定性也与人的身体状况、兴趣、积极性等有关。人在身体健康、精力充沛、心情愉快时，注意容易保持稳定。如果人对活动有浓厚的兴趣、对活动的意义理解深刻，抱着积极的态度，注意的稳定性会明显提高。

　　此外，人的注意稳定性还存在着个体差异和年龄差异。注意稳定性的个体差异与其神经活动特点有关，神经活动强的人即使有干扰刺激时，注意也不容易分散。而神经活动弱的人，则注意容易分散。注意稳定性随着个体年龄增长而提高。我国心理学工作者研究表明，从幼儿园小班到高中二年级，注意稳定性一直在发展，但其发展速度不尽相同。幼儿阶段和中学阶段发展速度慢，小学阶段发展速度则很快。

同注意的稳定相对立的是分心。分心是指注意离开了当前应指向的对象或活动,而指向与当前任务无关的内容。分心又称为注意的分散。

在日常生活中,造成分心的原因很多。比如,无关刺激的干扰、单调刺激的长时间作用、情绪因素的影响等。无关刺激对注意的干扰作用取决于这些刺激本身的特点以及它们与注意对象的关系。与注意对象相似的刺激,比不相似的刺激干扰作用大。新颖的、使人产生兴趣的刺激或强烈影响情绪的刺激,容易引起分心。此外,在身体过分疲劳,或神经系统出现某些病理性变化时,人也容易分心。

克服分心现象,保持注意的稳定性,对于学习和其他实践活动都具有重要意义。

(3)注意的分配

注意的分配指在同一时间内,把注意指向两种或多种不同的对象或活动。

俗话说"一心不能二用",好像是说注意不能分配。但是,学习、工作和生活中经常要求人们必须得"眼观六路、耳听八方",这就是要进行注意的分配。比如,教师要一边讲课,一边观察学生听讲的情况;汽车司机在双手操作方向盘的同时,脚要踩着离合器,两眼还要注意道路上的行人、车辆、障碍物和信号灯等。那么,注意的分配有哪些条件呢?

首先,同时进行的几种活动,除一种之外,其余几种必须达到熟练和自动化的程度。也就是说,这些活动中至多只能有一种是不熟练的。由于人们对熟练的活动不需更多的注意,因此,可以把注意资源较多地集中到比较生疏的活动上。

当同时到达的多个任务没有超出人脑的加工容量时,人就能对它们同时反应,从而使注意的分配成为可能。研究表明,控制双手调节器的动作非常熟练后,被试就可以一边进行操作,一边进行心算。

其次,同时进行的几种活动的性质和关系也很重要。把注意分配在几种动作上比较容易,而把注意同时分配在几种智力活动上就比较困难。如果同时进行的几种活动之间毫无联系,那么要同时进行这些活动就很困难;但如果在几种活动之间已经形成了固定的系统联系,同时进行这些活动就比较容易。例如,自弹自唱,边歌边舞,是在弹和唱、歌和舞之间形成了系统联系后,才能够实现注意的分配的。

严格地说注意的分配并非发生在同一时间内。使用复合器做的实验可以说明这一点。复合器的表面是一个印有100个刻度的刻度盘,有一根指针可以在刻度盘上迅速转动,当指针经过某一刻度时,同时响起铃声。要求被试在听到铃声的同时,说出指针指向的刻度数。实验结果表明,谁也说不准铃响时指针在刻度盘上的准确度数,被试不是把铃响说在这个度数之前,就是说在这个度数之后。这说明既要看指针的位置,又要听铃响这两件事同时办不到,即人不能同时注意两件事。

(4)注意的转移

注意的转移是指人根据新任务的需要主动地把注意从一个对象转向另一个对象,或从一种活动转到另一种活动。例如,第一节是数学,第二节是语文,那么学生就要根据新任务的需要主动地把注意从学习数学转移到学习语文上,这就是注意的转移。

注意的转移和注意的分散都是注意对象的更换,但它们是两个根本不同的概念。注意的转移是在活动需要的时候,有意识地把注意从一个对象转向另一个对象;而注意的分散是在需要注意稳定时,注意中心离开了需要注意的对象。

注意转移的快慢和难易主要依赖于先前注意的紧张度。先前注意的紧张度高,注意的转移就困难和缓慢;反之,先前注意的紧张度低,注意的转移就容易和迅速。

新的注意对象的特点也是影响注意转移的重要因素。新的注意对象越符合人的需要和兴趣,注意的转移就越容易和迅速;反之,注意的转移就越困难和缓慢。

个体的个性特点也影响注意的转移。高级神经活动灵活性高的人,注意转移容易和迅速;反之,高级神经活动灵活性低的人,注意转移就困难和缓慢。

注意的转移对于人的各种活动都很重要。当一项新的活动开始后,注意就应及时地从旧的活动转向这一新的活动,否则就会影响新活动的顺利进行。比如,飞行员在飞机起飞和降落的数分钟内,注意的转移达 200 多次,如果注意不及时转移,其后果将不堪设想。

1.1.6　注意理论

(1)过滤器理论

过滤器理论认为,在信息加工过程中存在着过滤器,它以某种方式对外界刺激信息进行选择。一些信息能通过过滤器被识别和进一步加工,其余的信息则被阻挡在人的认知系统之外。然而对于过滤器的具体位置,不同心理学家各自有不同的理解,从而出现了代表各自观点的不同模型。主要有布鲁德本特(D. E. Broadbent)的早期选择模型、特瑞斯曼(A. M. Treisman)的中期选择模型以及德尤奇和诺曼(F. A. Deutsch & D. A. Norman)的晚期选择模型。过滤器理论主要解释注意的选择性问题,因此也被称为注意的选择性理论。

早期选择模型

布鲁德本特最早提出了注意的过滤器理论。过滤器理论认为,从外界进入感觉通道的信息是大量的,但大脑加工信息的能力是有限的。为了避免阻塞,就需要有一个过滤器对输入信息进行选择,使其中的一部分信息进入高级分析阶段,被识别、储存和加工,而其余的信息则迅速消退。

布鲁德本特设想的过滤器位于语意分析之前,外界信息经感觉器官到达短时贮存器中进行暂存,然后经过选择性过滤,将无用的信息"滤掉",进入知觉系统的仅是要进行认知分析的信息。输入的信息是否能通过过滤器,完全是由刺激的物理属性决定的,知识经验对信息筛选不起作用。这种观点被称为过滤器理论的早期选择模型。

中期选择模型

在双耳分听实验中,事先规定被试只对一只耳(追随耳)输入的信息进行追踪,而忽略从另一耳(非追随耳)输入的信息。通常被试能较好地记住追随耳输入的信息,而对非追随耳输入的信息无法识别。但假若非追随耳输入的信息对个体有特殊意义(如被试的名字),却往往能被觉察到。这是早期选择模型无法解释的。

据此,特瑞斯曼提出:过滤器不是按"全或无"的方式工作,而是按衰减的方式工作的。过滤器有两种,一种位于语意分析之前,称为外周过滤器,它根据刺激信息的特点而对它们进行不同程度的衰减;另一种在语意分析之后,称为中枢过滤器,它是根据语意特征来选择信息的。从追随耳输入的信息受到的衰减很少,能顺利激活长时记忆中的有关项目而被识别;非追随耳输入的信息经过过滤器被衰减,不能与长时记忆中的信息取得联系,因而难于识别。但有的信息(如个体的名字)激活阈值很低,所以即使从非追随耳输入,也能被识别。因此,信息的选择不仅依赖于感觉特征(由刺激的物理属性决定),而且依赖于语意特征(由知识经验决定)。这种理论强调了中枢过滤器的语意分析作用,被称为中期选择模型。

晚期选择模型

晚期选择模型是由德尤奇和诺曼等人提出的。该模型认为,所有的选择性注意都发生在信息加工的晚期,信息的选择依赖于刺激的知觉强度和意义,因而称为晚期选择模型。它假定所有的信息都到达了长时记忆,并激活了其中的有关项目,然后竞争工作记忆的加工。选择性注意属于中枢控制过程的一部分,它是一种主动的机制。通过它,某些信息被选择出来进行进一步的加工。晚期选择模型能较好地解释注意分配现象,因为输入的信息都得到了加工。但这个模型假设所有的信息都进入中枢加工机制,看起来颇不经济,也不能很好地解释早期选择现象。

以上三种关于注意选择性的理论,都假定注意对信息的选择发生在信息加工的特定阶段。这样的选择机制显得较为刻板。目前,很多认知心理学家认为,选择过程可以发生在信息加工的不同阶段,这种观点被称为多阶段选择模型。多阶段选择模型是对前面三种选择性模型的综合,它强调信息选择的时段依赖于任务的具体要求,因此更具灵活性。

选择性注意中的抑制机制

以双耳分听实验和过滤器理论为代表的传统的注意研究,都集中于选择性注意的兴奋机制,即强调对目标信息的激活。而近年来的一些研究表明,对分心信息的抑制也是选择性注意的重要机制。有关分心信息抑制的研究主要使用负启动范式。

启动指的是先前刺激的加工会对相继的同一刺激或同类刺激的加工产生一定的影响。正启动是指产生了积极的影响,即先前加工使后继加工得到促进;负启动是指产生了消极的影响,即先前加工使后继加工受到阻滞。研究启动效应一般采用以下的实验模式(图 1-1)。

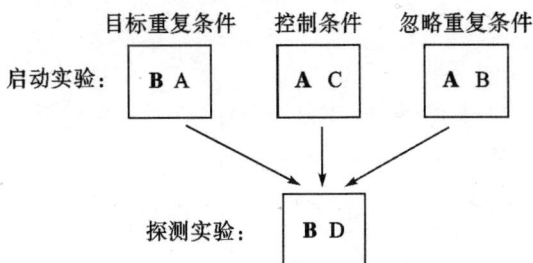

图 1-1　负启动效应的一般实验模式

(注:粗体字母代表目标,细体字母代表分心物)

实验中首先给被试呈现一对不同的刺激(启动实验),其中一个为目标,另一个为分心物,要求被试辨别目标。实验过程中往往给目标加上明显的颜色或其他线索标志,以便于被试辨别(在本实验中是将目标用粗体字母表示的)。间隔一段时间后呈现另外一对刺激(探测实验),呈现方式同启动实验。

启动实验一般包括目标重复、忽略重复①和控制三种实验条件。在目标重复条件下,探测实验中的目标与启动实验中的目标是同一的;在忽略重复条件下,探测实验中的目标是启动实验中的分心物;在控制条件下,启动实验中的字母和探测实验没有任何关系。大量研究表明,在目标重复条件下,被试对探测实验中目标的识别比控制条件下快,显示出正启动效应;在忽略重复条件下,被试对探测实验中目标的识别比控制条件下慢,显示出负启动效应。

负启动效应表明,在启动实验过程中,注意不仅选择和激活了目标信息,同时抑制了分心信息,导致了随后分心信息成为目标信息时,其提取和加工受到阻滞。这充分说明,抑制机制也是选择性注意的重要成分。

(2)认知资源理论

资源限制理论

1973年,卡尼曼(D. Kahneman)在《注意与努力》一书中提出了资源限制理论。与过滤器理论致力于解释注意的选择性机制不同,资源限制理论着重考虑注意如何协调不同的认知任务。

资源限制理论把注意看成对刺激进行识别和加工的认知资源,其容量或能量是有限的。每一项认知活动都需要占用和消耗一定的认知资源。当人同时进行两种以上的活动时,就会有多项认知任务同时竞争有限的注意资源。因此,只有当这些活动需要的资源之和不超过注意的总资源时,它们才能同时进行。否则,在进行某项活动时,其他活动必然受到阻

---

① 指启动实验中要求被试忽略的分心物,在探测实验中以目标的形式重复出现。

碍。该理论还认为，注意分配机制是主动而灵活的，它能根据实际需要调整资源的配置，优先加工更为重要的任务。例如，两个骑自行车的人可以一边骑车一边聊天，但当他们行驶到交通拥挤的十字路口时，他们往往会终止谈话，把注意资源更多地分配到路口的车辆和行人，以保证自己和他人的安全。

双重加工理论

在资源限制理论的基础上，谢夫林（R. M. Shiffrin）等人进一步提出了双重加工理论。该理论认为，人类的信息加工方式有两种：自动加工和控制加工。自动加工是由刺激自动引发的无意识的加工过程，不需要有意注意，不受认知资源的限制。自动加工的速度很快，由于不占用系统的加工资源，所以也不影响其他的加工过程。控制加工是受意识控制的加工过程，它需要注意的积极参与，要占用系统的加工资源。和自动加工相比，控制加工更为主动和灵活，它可以随客观情况的变化不断调整资源分配的策略。

双重加工理论是对资源限制理论的有益补充，它们共同解释了为什么人们有时能同时做好几件事，如一边做作业一边听音乐或一边看电视一边聊天等。因为人类认知加工系统的资源是有限的，在同时执行两种以上的加工任务时，往往会发生困难。而如果其中的一项或几项加工已经变得自动化了，不需要占用加工资源，个体就可以将注意更多地集中于其他受意识控制的加工过程之上。

控制加工经过充分的练习之后，有可能转化为自动加工。熟练技能的形成过程，就是动作信息由控制加工向自动加工转化的过程。例如，人在初学骑自行车的时候，注意高度集中于自身，动作僵硬，全身紧张。这时，头脑中对骑车动作的控制属于控制加工。经过充分的练习,骑车技能达到熟练后,头脑中对骑车动作的控制变为自动加工。这时骑车者的部分注意资源就可以分配于其他活动。

1.2 注意偏向

注意偏向主要是由于注意具有选择性而引起的,我们无时无刻不被大量的信息所包围,不是所有的信息都能够引起我们的注意从而对其进行进一步的加工,那些与我们当前任务或是目的相关的信息就会引起注意偏向被注意到并对其进行加工以完成当前的任务。其中情绪的注意偏向受到了研究者们的青睐。我们在下面情绪部分会详细介绍目前关于情绪的注意偏向的行为以及神经心理科学中的 ERP 研究。

注意偏向的原因何在呢?心理学家们对此做了多种解释,被普遍接受的是注意的成分,注意包括多种成分(注意定向、注意维持、注意解除、注意转移等)(Posner & Petersen,1990),并至少包括两种机制:(1)对相关信息的选择和激活;(2)对未被选择的无关信息的主动抑制(Hopfinger et al.,2000)。那么注意偏向是由注意的哪种成分的变化引起的就成了心理学家们研究的问题,目前关于这一问题并没有达成一致的结论。Fox 等人(2002)认为有两种可能可以解释由威胁性信息引起的注意偏向现象:(1)在注意定向过程中,注意被威胁性信息所吸引;(2)威胁性信息影响了注意在这些信息上维持的时间或者注意从这些信息上解除的能力,导致注意在威胁性信息上停留时间较长。他们用返回抑制的实验范式对这两种解释进行了验证。他们发现以中性信息和威胁性信息分别作为线索，相对于以中性信息为线索的返回抑制量，威胁性信息线索引起的返回抑制量要小，他们认为正是注意在威胁性信息线索上维持的时间较长才导致了威胁性信息返回抑制量的减小，从而验证了第二种解释。

本研究团队对情绪信息的注意偏向也进行了相关研究，以下是相关研究成果。

抑制范式下的情绪注意偏向

白学军　贾丽萍　王敬欣

（天津师范大学心理与行为研究院，天津 300074）

摘　要　与中性信息相比，情绪信息会引起更快更多的注意并具有一种认知加工上的优先权。在注意实验中，与不带情绪色彩的刺激相比，具有情绪意义的刺激更能吸引注意或占用注意资源且引起注意偏向。个体对情绪信息的适度偏向具有重要的社会生活意义。本文介绍了情绪注意偏向的注意成分理论、图式理论、注意资源理论和平行分布处理（PDP）模型，并分别对抑制范式下以不同情绪材料展开的正常被试和特殊被试的情绪注意偏向研究进行了总结概括，同时指出了未来在抑制范式下利用 ERPs、fMRI 新技术研究不同被试群体情绪与注意关系的可能性。

关键词　情绪；注意偏向；抑制范式

1　情绪注意偏向及其理论

在 2005 年彭晓哲和周晓林的文章中对情绪注意偏向及其理论进行了相应的介绍，本文在此仅简要回顾。

1.1　情绪注意偏向

在日常生活中，当看到一个人面带微笑时，我们会倾向于上前与其打招呼，即产生趋向行为；相反，当看到一个人面露愤怒时，我们会避而远之，这是因为负性情绪携带了潜在的危险信息，使个体表现出退缩性的行为。由上可知，能否快速而有效地识别情绪，对个体的生存具有重要社会意义。正因为如此,人们在生存过程中发展形成了一种对情绪信息的特殊敏感性,与中性信息相比,情绪信息会引起更快更多的注意并具有一种认知加工上的优先权。研究者们发现在注意实验中,与不带情绪色彩的刺激相比,具有情绪含义的刺激更能吸引注意或占用注意资源,即情绪信息可以引起注意偏向(attention bias)(Lang,1995;彭晓哲,周晓林,2005)。

1.2 情绪注意偏向的理论

目前主要的理论有注意成分理论、图式理论、注意资源理论和平行分布处理模型。

1.2.1 注意成分理论

注意具有多种成分,如注意定向、维持、解除、转移等(Posner & Petersen,1990)。注意成分理论认为,在注意定向过程中,情绪信息可更快的吸引注意,引起情绪的注意偏向;情绪信息也可影响注意维持的时间或是注意解除的能力,使得注意在情绪信息上停留较长时间,从而引起情绪的注意偏向。但这一理论无法解释某些特定的情绪障碍患者只对特定的情绪信息具有注意偏向的现象(戴琴,冯正直,2009)。

1.2.2 图式理论

针对注意成分理论的缺陷,有研究者提出了情绪注意偏向的图式理论(又称注意聚焦变窄理论),图式是储存于记忆中的关于各种知识的稳定的结构性表征。该理论以 Beck 的图式理论为基础,认为个体更偏向于加工与记忆中已经存在的图式或知识结构相一致的信息,对具有情绪障碍的个体来说,与其情绪障碍类型相一致的情绪信息就更容易被激活,从而引起相应情绪信息的注意偏向(Bradley, Mogg, Lee, & Stacey, 1997)。但 Vuilleumier(2002)指出,低焦虑和抑郁个体对高兴或悲伤的表情刺激,发生类似空间定向偏向的概率很小,说明对情绪的注意偏向可能并不遵循情绪一致性原则。

1.2.3 注意资源理论

注意资源理论(又称认知负荷理论)认为,个体用于信息加工的认知资源是一定的,认知资源的分配方式决定了信息加工的模式,若情绪信息与其他信息同时出现,注意资源极易被情绪信息所吸引、占用,而其他信息则不能很好地被加工,从而表现出对情绪信息的注意偏向。如果情绪信息对其他信息的干扰源于注意资源的消耗,那么阈限之上的情绪信息可能会比阈限之下的情绪信息所带来的干扰更大或更持久(彭晓哲,周晓林,2005)。然而,该理论不能解释以下两种现象:第一,有研究发现阈下的情绪信息对认知任务表现出了干扰而阈上的情绪信息却没有对认知加工造成影响(邓晓红,张德玄,黄诗雪,袁雯,周晓林,2010)。第二,有研究发现在注意的加工中并不需要意识的参与(Koch & Tsuchiya, 2007;Cohen, et al., 2012),也就是说,阈下加工与阈上加工可能消耗了同等程度的注意资源。

1.2.4 平行分布处理(PDP)模型

针对以上几种理论的缺陷,Cohen 等提出了并行分布加工模型(parallel distributed processing model,PDP)(又称唤醒水平理论),该模型认为,有三个因素共同决定了注意偏向的出现,分别是通路的处理能力、输入单元在静息状态下的激活水平以及对特定输入单元的神经通路控制能力。另外,通路的处理能力与练习程度有关,练习程度越高,通路的处理能力越强。它可以解释个体为何只对特定的刺激产生偏向,而对其他刺激不产生偏向,也可以解释为何阈下刺激也可以产生注意偏向。

2 情绪注意偏向研究的重要性及其途径

2.1 情绪注意偏向研究的重要性

对情绪信息的注意偏向可保证个体快速有效地处理情绪事件,但是由于对情绪信息的过度注意从而不能对情绪信息进行抑制则会引起情绪障碍。对情绪信息的注意控制能力下降是情绪障碍(如焦虑症、抑郁症、恐惧症、强迫症)和精神疾病(如精神分裂)的典型症状(彭晓哲,周晓林,2005)。良好的情绪状态对于高效率的学习生活有重要意义,而在生活节奏不断加快的今天,越来越多的人受到情绪障碍的困扰,这不仅有

损个体的身心健康也阻碍了社会的进步。因此对情绪的注意偏向进行
研究，从而指导个体对情绪信息产生适度偏向，对个体的心理状态及社
会生活具有重要意义。

2.2　以抑制范式进行情绪注意偏向研究

研究情绪与注意的关系一般会同时呈现情绪与非情绪两类刺激，比
较个体的注意如何分配以及对两类刺激的反应有何不同，以此考察情绪
对注意的影响；也可以呈现一种刺激，但此种刺激同时携带了情绪信息
与非情绪信息，通过比较个体对该类刺激与情绪相关的信息的反应和对
与情绪无关的信息的反应的异同来考察情绪信息对注意的影响。而注
意包括了对目标刺激的选择、激活和对干扰刺激的抑制这两个相互协调
的过程，以往的研究大多从兴奋过程即对目标的选择、激活方面对情绪
的注意偏向展开研究，而对于注意偏向的产生是由于易化机制还是抑制
机制的作用或是两者共同作用的结果，现在难以得出确切的结论（戴琴，
冯正直，2008）。近年来随着心理学家对抑制过程的关注，越来越多的研
究者利用抑制范式来研究情绪的注意偏向。抑制领域有多种经典的实
验范式都可以用来研究情绪与注意的关系，如 Stroop 范式、负启动范式、
Oddbal 范式、返回抑制范式、眼跳/反眼跳（pro/anti-saccade）范式。

2.2.1　Stroop 范式

Stroop 范式由 Stroop 在 1935 年首次使用，实验中呈现不同颜色的
色词并要求被试忽略字义而对字的颜色做反应，而情绪 Stroop 范式则要
求被试判断带有颜色的情绪词或中性词的颜色。情绪 Stroop 中被试对
情绪词颜色命名的反应时与对非情绪词颜色命名的反应时之差就代表
了情绪信息产生的注意偏向：如果反应时的差为正数，则表明词或面孔
的情绪信息得到了加工，干扰了对颜色的命名（彭晓哲，周晓林，2005）。

2.2.2　负启动范式

负启动指对先前被忽视的项目进行反应时与控制组相比出现的反
应延迟现象（Neill & Valdes，1992）。经典的负启动范式由启动和探测
两个阶段构成，每一阶段都同时成对地向被试呈现目标刺激和分心刺

激,要求被试对目标刺激的某一特征做反应并忽略分心刺激(甘甜,罗跃嘉,2009)。研究者利用这一范式进行情绪的注意偏向研究是围绕情绪注意偏向对负启动的干扰展开的,若存在情绪的注意偏向,那么当启动阶段的分心刺激是情绪刺激时,情绪刺激引起的注意偏向会使被试对分心刺激的抑制受到干扰,因此在探测阶段的目标与启动阶段的分心刺激一致时,情绪刺激的负启动相比于中性刺激来说会变小(Joormann, 2004;Joormann & Gotlib, 2010;刘明矾,姚树桥,杨会芹,向慧,2007)。

2.2.3 Oddball 范式

Oddball 实验范式中一般包括两类刺激,即出现频率较低的新异刺激和出现频率较高的标准刺激,一般要求被试忽略标准刺激而对新异刺激做反应(Chao & Knight, 1996;1998)。后来发展了双选择 Oddball 实验范式,此时要求被试对标准刺激和偏差刺激做两类不同的反应(Fichtenholtz, Deanb, Dillona, Yamasaki, McCarthyd, & LaBar, 2004)。采用 Oddball 实验范式所做的实验中,要保证对偏差刺激的正确反应就必须抑制对标准刺激的反应。研究者将具有不同情绪效价的刺激作为偏差刺激出现,考察情绪刺激的注意偏向,若情绪信息可以引起注意偏向,则相较于中性偏差刺激而言,情绪性偏差刺激可能会引起更大的 P1、P2 以及 N2 波幅,对其反应也会因情绪的注意偏向而加快(Carretie, Hinojosa, Loeches, Mercado, & Tapial, 2004)。

2.2.4 返回抑制范式

返回抑制范式是 Posner 和 Cohen (1984)在线索—靶子范式的基础上开发的,他们发现如果从线索开始呈现到靶子呈现的时间间隔(stimulus onset asynchrony,简称 SOA)超过 300 ms,被试对线索化位置靶子反应的速度会慢于非线索化位置。Posner 和 Cohen 将这种现象称为返回抑制(inhibition of return,简称 IOR)。返回抑制范式由三个基本要素构成,即外源性线索、SOA 大于 300 ms 以及目标,在线索或是目标位置呈现情绪信息可以用来探索情绪与注意的关系。如果存在情绪的注意偏向,那么若将情绪信息置于线索或目标位置,情绪信息可以通过影响个体的注意而影响 IOR 这一抑制效应(Taylor & Therrien, 2008)。

2.2.5 眼跳/反向眼跳范式

眼跳(saccades)是眼动的方式之一,个体通过眼跳调整视轴,将感兴趣的刺激保持在双眼的视网膜中央窝,以便进一步加工(陈玉英,隋光远,瞿彬,2008;田静,王敬欣,张赛,2011;王敬欣,李娟,田静,李永鑫,2010)。反向眼跳实验范式由 Hallett 于 1978 年提出,反向眼跳任务中,首先呈现一个中央注视点,要求被试注视注视点,然后呈现目标,这时要求被试不能看向目标,而是要看向相反的方向,而且看的位置要与目标到中央注视点的距离大致相等。如果眼跳/反向眼跳任务中的目标为具有情绪信息的刺激,那么情绪信息可以通过对注意的影响而对眼跳/反向眼跳产生影响,即情绪信息的注意偏向可以促进朝向眼跳的执行但会导致反眼跳的错误率增高(Kissler & Keil,2008)。

3 抑制范式下的情绪注意偏向研究

自抑制范式应用到情绪注意偏向研究领域以来,研究者分别以正常人和情绪障碍患者为被试对不同情绪材料的情绪注意偏向进行了实验研究,为情绪障碍的预防和治疗提供了理论依据。下面我们将分别介绍以不同实验材料展开的不同类型被试的情绪注意偏向研究。

3.1 以情绪面孔为材料的研究

Taylor 和 Therrien (2008)在返回抑制范式下以拼凑面孔、非面孔和完整面孔为靶刺激,要求被试对它们做辨别反应,结果发现不同条件下的返回抑制量出现了差别,表现为面孔的返回抑制效应更大,他们认为这一结果是由于个体对携带生物和社会意义的面孔进行了更多的加工消耗了更多的注意资源而导致的。但邓晓红等(2010)发现情绪面孔以阈下知觉的方式呈现时仍然影响到了返回抑制的产生,表现为仅中性面孔为线索时出现返回抑制,高兴和生气面孔为线索时未出现返回抑制,因此他们认为阈下呈现的情绪刺激是因为吸引被试的注意而导致返回抑制效应消失。我们自己的研究结果发现,在返回抑制范式下,目标位置的情绪面孔引起了更大的 N170 波幅（王敬欣，贾丽萍，白学军，罗跃嘉，2013），即情绪面孔可更快的吸引注意，表现出注意偏向。Theeuwes 和 Stigchel（2006）应用返回抑制经典范式的变式考察了具有社会信息和生物意义的面孔与普通物体（如课桌）对返回抑制的影响，他们在线索位置同时呈现面孔和普通物体，结果发现只有面孔线索位置出现了返回抑制效应，他们同样认为面孔对注意的吸引是出现这一结果的原因。

戴琴和冯正直（2008）以抑郁个体和正常对照组为被试在返回抑制范式下将情绪面孔置于线索位置考察了两组被试对情绪面孔的返回抑制能力的不同，结果发现：对照组对四种面孔均存在返回抑制效应，无显著差异；而抑郁组对四种面孔的返回抑制效应程度不同，对中性面孔的返回抑制效应正常，对高兴、愤怒面孔有过度抑制倾向，对悲伤面孔有抑制不足倾向。他们认为这反映了抑郁个体由于不能有效的抑制负性情绪面孔，从而导致了抑郁症状的产生、持续和发展，且这也提示抑郁个体的注意偏向是有针对性的，对能反映他们心境的悲伤面孔存在抑制不足的现象，而对于同样有着较高情绪强度的愤怒面孔则不但没有抑制不足，甚至存在抑制过度的倾向。他们因此认为抑郁个体的负性情绪偏向可以利用图式理论加以解释：对具有情绪障碍的个体来说，与其情绪障碍类型相一致的情绪信息更容易被激活，从而引起相应情绪信息的注意偏向。Fox 等（2002）的研究中也采用线索—靶子范式，操纵 SOA 和线索类型，发现短 SOA 条件下，生气、高兴和中性面孔对有效条件下的反应时没有影响，但是无效线索下，以生气和高兴面孔为线索的反应时增长；而在长 SOA 条件下，他们发现了 IOR 现象，并且对于高特质焦虑个体来说，威胁相关以及杂乱面孔线索条件下的 IOR 效应减小。他们认为这是由于被试难以从情绪面孔上将注意转移导致的。

Stenberg、Wiking 和 Dahl（1998）考察了字词加工过程中情绪的自动加工特点，实验中呈现由字词和情绪面孔组合而成的刺激，要求被试评价字词的效价并忽视情绪面孔，结果发现，对词的评价受同时呈现的情绪面孔的影响，当负性词与负性面孔同时呈现时，对负性词的评价比正性词要快,但当负性词与正性面孔同时呈现时,对负性词的评价变慢。他们认为由于情绪面孔可自动吸引注意,因此当情绪词与面孔情绪性一致时对情绪词的判断有促进作用。Eastwood, Smilek 和 Merikle(2003)在实验中呈现正性、负性和中性面孔,要求被试对面孔的组成要素进行计数,结果发现,被试对负性面孔的计数反应要慢于对正性和中性面孔的计数,即虽然不要求被试对负性情绪加以注意,但是它仍然干扰了被试当前的任务,而且当将正性、负性和中性面孔倒置时,负性情绪对任务的干扰效应即消失,这也证明了是面孔的情绪信息影响了被试的计数任务的成绩,而非面孔的物理属性引起的。他们认为这一 Stroop 效应证明了负性面孔能够捕获注意并内隐的影响注意分配。即他们也认为造成情绪的注意偏向的原因是注意定向过程中,情绪信息可更快地吸引注意,从而引起情绪的注意偏向。而 Van Honk, Tuiten 和 de Haan(2001)利用 Stroop 范式发现,当情绪面孔只呈现 30 ms 并被中性面孔所掩蔽时,特质焦虑被试对愤怒表情的颜色命名要慢于对中性表情的颜色命名,支持了情绪信息在无意识状态下得到加工的观点,Cohen 等提出的 PDP 模型对此可以做出合理解释:自动化过程与注意策略过程是一个整体,对于情绪障碍患者来说,相应情绪信息的输入单元激活水平无论是阈上还是阈下都比正常人高,因此都会产生注意偏向。

3.2 以情绪词为材料的研究

钟毅平、孙羽中和张杰以词语为实验材料(2007)考察了大学生的情绪 Stroop 效应,结果发现被试对情绪词的颜色命名时间要长于对中性词的颜色命名时间,即出现了情绪 Stroop 效应,他们认为是由于情绪词消耗了一定的注意资源,从而导致了情绪 Stroop 效应的产生。后来的研究也发现了与钟毅平等的研究相似的结果(刘亚,王振宏,2011)。Thomas, Johnstone 和 Gonsalvez(2007)采用 ERPs 技术考察了正常个体的情绪 Stroop 效应,结果在反应时上没有出现情绪 Stroop 效应,但是 ERPs 结果却显示情绪词可以引发更大的 P2、P3 波幅,因此他们认为,情绪信息对词语的早期和晚期加工均可以产生影响,引起加工偏向,他们同时推测,与中性刺激相比,威胁性的情绪刺激引起的 ERPs 成分的变化在具有情绪障碍的临床病人个体上可能会更加明显。

Williams,Mathews 和 MacLeod(1996)采用 Stroop 范式进行的研究发现,临床焦虑症病人表现出了对威胁词颜色命名的延迟,他们认为用情绪注意偏向的注意资源理论可以解释这一实验结果,由于高焦虑个体分配更多的注意资源给负性词,而注意资源的相对缺乏导致了被试在颜色命名任务上的延迟。Chajut,Schupak 和 Algom(2010)以普通个体和焦虑得分较高的个体分别为被试进行了实验,要求被试对情绪词和中性词的颜色做出反应,作为干扰刺激的色词呈现于情绪/中性词旁边,结果发现判断情绪词的颜色时 SE 效应减小,焦虑得分高的被试尤其明显。他们认为是情绪词对注意的捕获导致了这一结果的出现。刘明矾、姚树桥、杨会芹和向慧(2007)使用情绪负启动技术,在情绪评价任务中考察了抑郁个体和正常被试对正、负情绪词的分心抑制,结果发现,非抑郁控制组对正性、负性靶子词均表现出了负启动效应,而抑郁组被试对负性靶子词并没有表现出负启动效应,这提示抑郁被试因对负性信息的注意偏向导致了负启动效应的消失,他们认为情绪注意偏向的产生与选择性注意中的维持成分有关,支持了注意偏向的注意成分理论。类似的,Joormann(2004,2010)在情绪信息的负启动实验中考察了抑郁症状与对情绪信息抑制功能之间的关系,结果发现抑郁程度高的被试在对情绪词进行极性判断时没有表现出负启动效应。他们因此认为,抑郁的产生与个体对负性信息的偏向而造成的对负性信息的抑制缺陷相关。

3.3 以情绪图片为材料的研究

Hyönä 等(2006,2007,2008)使用眼动追踪技术以具有不同情绪性的场景图为材料进行了一系列研究,探讨了情绪偏向在眼动指标上的体现。他们发现:相对于中性场景,被试对情绪场景的首次注视比率更高,眼跳潜伏期更短,精确识别情绪场景所需的凝视时间也更短;而且,即便是要求被试忽视情绪图片,情绪图片在眼动指标上所体现的情绪偏向效应仍可以出现(Nummenmaa,Hyönä,& Calvo,2009)。Kissler 等

(2008)考察了目标的情绪内容对朝向眼跳和反眼跳的影响,结果发现,朝向眼跳任务下,对情绪目标的眼跳更快,而在反眼跳任务下,对情绪目标的反眼跳错误率明显更高。因此他们认为,情绪信息对注意的快速吸引使得眼睛更快的朝向情绪信息,而在反向眼跳中却使错误率增加。Carretie 等(2004)采用 Oddball 范式以情绪图片为材料,考察了正性、负性、中性三种偏差刺激引起的脑电成分的差异。结果发现,相较于标准刺激,负性偏差刺激引起了更大的 P1 波幅,而正性、负性偏差刺激均引发了更大的 P2 波幅,这表明情绪刺激(尤其是负性刺激)能更早、更快地引起注意偏向。Dichter,Felder 和 Smoski (2009)采用 oddball 范式,要求被试在情绪刺激或中性刺激背景下,对偶然出现的目标刺激做出反应。结果发现,情绪背景的加工会干扰认知控制过程,并且相对于正常个体而言,抑郁症患者完成认知控制任务时受情绪干扰的影响更大,因此他们认为是情绪信息对注意资源的消耗导致了个体认知任务成绩的降低。

4 总结与展望

4.1 情绪注意偏向的理论争议

综上所述,研究者已在抑制范式下围绕情绪注意偏向开展了大量的研究,但是目前为止,对情绪注意偏向的产生是由于易化机制的作用还是抑制机制的作用抑或是两者共同作用的结果,仍不明确(戴琴,冯正直,2008)。抑制范式下的情绪注意偏向研究对上述情绪注意偏向的四种理论做出了相应证明,但是对情绪注意偏向的理论解释还处于争议之中,下一步研究的重点应当在实验研究的基础上整合几种理论,概括出可以被研究者一致接受的理论。

4.2 抑制范式下情绪注意偏向的研究展望

4.2.1 改进实验技术

虽然抑制范式在探讨情绪与注意关系时发挥了重要的作用,但是抑制范式下对情绪注意偏向进行的的行为实验很难对情绪注意偏向的脑机制及时间进程做出回答。日益发展成熟的脑电及核磁共振成像技术,使得研究者可以用更加直接、直观的手段研究情绪信息与选择性注意的相互影响。

戴琴和冯正直(2009)采用 ERPs 技术探讨了抑郁对情绪面孔返回抑制能力的影响,结果发现抑郁患者对负性刺激的返回抑制能力不足,负性刺激可更多、更快地引起抑郁患者的注意,且抑郁患者的注意力持续被负性材料占据,不能及时有效地转移到正性刺激,导致个体在抑郁情绪上的固着。Carretie 等(2004)利用 ERPs 技术在 Oddball 范式下考察了情绪信息对注意的捕获,结果发现情绪刺激以渐进的方式捕获注意,表现为情绪性的偏差刺激可引起更大的 P1、P2 波幅,源定位分析的结果表明情绪与注意的相互作用可能发生于前扣带回。Fichtenholtz 等(2004)利用 fMRI 技术在双选择的 Oddball 实验范式下更为直接的探讨了情绪与注意的相互关系,结果表明前扣带回在情绪与注意的相互作用中扮演了重要的角色。

在抑制范式下采用 ERPs 和 fMRI 等新的研究手段对情绪与注意的关系进行研究,可以揭示情绪与注意相互关系发生的时间进程,并可能确定两者的相互作用发生于大脑的哪个部位,在此基础上对业已存在的各种理论进行整合,从而将情绪与注意关系的研究推向更高的台阶,这是未来研究的方向。

4.2.2 扩大实验材料范围

回顾前人的研究,我们发现大多数抑制范式下的情绪注意偏向研究都是用视觉情绪材料,如情绪面孔(Eastwood et al., 2003;戴琴,冯正直,2008; Fox et al., 2002; Taylor & Therrien, 2008; Theeuwes et al., 2006; van Honk et al., 2001)、情绪词(Joormann, 2004, 2010;刘明矾等, 2007; Schupak et al., 2010; Stenberg et al., 1998; Williams, Mathews, & MacLeod, 1996)以及情绪图片(Dichter, Felder, & Smoski, 2009; Hyönä et al., 2006, 2007, 2008; Kissler et al., 2008; Nummenmaa, Hyönä, & Calvo, 2009)诱发相应的情绪体验进而考察

情绪的注意偏向,而除视觉通道以外,听觉通道和嗅觉通道都是我们获取情绪信息的重要通道。因此,以后的研究应当扩展情绪注意偏向的研究材料范围,使研究结果更具普遍性。

4.2.3 增加对情绪障碍群体的研究

情绪障碍多由不能正确地对待情绪信息引起,对情绪信息注意控制能力的下降是情绪障碍(如焦虑症、恐惧症、强迫症)和精神疾病(如精神分裂)的典型症状(彭晓哲,周晓林,2005)。因此,利用抑制范式研究情绪障碍患者的情绪注意偏向,找到情绪障碍症状背后的原因,并为症状的缓解和治疗提供依据,这是心理学工作者和临床工作者共同面对的课题。

参考文献

[1] 陈玉英,隋光远,瞿彬. 自主控制眼跳:实验范式、神经机制和应用[J]. 心理科学进展,2008,16 (1):154-162.

[2] 戴琴,冯正直. 抑郁患者的注意偏向[J]. 心理科学进展,2008,16 (2):260-265.

[3] 戴琴,冯正直. 抑郁情绪对情绪面孔返回抑制的影响[J]. 中国心理卫生杂志,2008,22 (3):164-168.

[4] 戴琴,冯正直. 抑郁个体对情绪面孔的 IOR 能力不足[J]. 心理学报,2009,41:1175-1188.

[5] 邓晓红,张德玄,黄诗雪,袁雯,周晓林. 阈上和阈下不同情绪线索对 IOR 的影响[J]. 心理学报,2010,42:32-33.

[6] 甘甜,罗跃嘉. 选择性注意的两种负启动效应研究回顾及比较[J]. 心理与行为研究,2009,7 (4):312-318.

[7] 刘明矾,姚树桥,杨会芹,向慧. 情绪评价任务中抑郁个体的分心抑制机制实验研究[J]. 心理科学,2007,30 (3):613-616.

[8] 刘亚,王振宏. 情绪 stroop 效应与 stroop 效应的关系[J]. 心理科学,2011,34 (4):80-82.

[9] 彭晓哲,周晓林. 情绪信息与注意偏向[J]. 心理科学进展,2005,13 (4):488-496.

[10] 田静,王敬欣,张赛. 眼跳过程中的偏心距效应[J]. 心理与行为研究,2011,9

(4)：286-290.

[11] 王敬欣，贾丽萍，白学军，罗跃嘉. 返回抑制过程中情绪面孔加工优先：ERPs 研究[J]. 心理学报,2013，(1)：1-10.

[12] 王敬欣，李娟，田静，李永鑫. 反向眼跳的脑机制及其心理学意义[J]. 中国特殊教育，2010，112(8)：61-64.

[13] 钟毅平，孙羽中，张杰. 情绪 Stroop 效应：来自汉字的证据[J]. 心理科学，2007，30 (4)：778-781.

[14] Bradley B P，Mogg K，Lee S C. Attentional biases for negative information in induced and naturally occurring dysphoria[J]. Behaviour Research and Therapy，1997，35 (10)：911-927.

[15] Calvo，M G，Nummenmaa L，Hyönä J. Emotional and neutral scenes in competition：Orienting，efficiency，and identification[J]. The Quarterly Journal of Experimental Psychology，2007，60 (12)：1585-1593.

[16] Calvo M G，Nummenmaa L，Hyönä J. Emotional scenes in peripheral vision：Selective orienting and gist processing，but not content identification [J]. Emotion，2008，8 (1)：68-80.

[17] Luis Carretie，Jose A Hinojosa，Manuel Martin-Leoches，et al. Automatic Attention to Emotional Stimuli：Neural Correlates[J]. Human Brain Mapping，2004，22：290-299.

[18] Chao L L，Knight R T. Prefontal and posterior cortical activation during auditory working memory[J]. Cognitive Brain Research，1996，4：27-37.

[19] Chao L L，Knight R T. Contribution of human prefrontal cortex to delay performance[J]. Journal of Cognitive Neuroscience，1998，12：167-177.

[20] Chajut E，Schupak A，Algom D. Emotional Dilution of the Stroop Effect：A New Tool for Assessing Attention Under Emotion[J]. Emotion，2010，10 (6)：944-948.

[21] Cohen M，Cavanagh P，Chun M，Nakayama K. The attentional requirements of consciousness[J]. Trends in Cognitive Sciences，2012，16(8)：411-417.

[22] Dichter G S，Felder J N，Smoski M J. Affective context interferes with cognitive control in unipolar depression：an fMRI investigation[J]. Journal of Affective Disorders，2009，114：131-142.

[23] Eastwood J D, Smilek D, Merikle P M. Negative facial expression captures attention and disrupts performance[J]. Perception & Psychophysics, 2003, 65: 352-358.

[24] Fichtenholtz H M, Deanb H L, Dillona D G, Yamasaki H, McCarthyd G, LaBar K S. Emotion-attention network interactions during a visual oddball task [J]. Cognitive Brain Research, 2004, 20: 67-80.

[25] Fox E, Russo R, Dutton K. Attentional bias for threat: Evidence for delayed disengagement from emotional faces[J]. Cognition and Emotion, 2002, 16: 355-379.

[26] Hallett P E. Primary and secondary saccades to goals defined by instructions[J]. Vision Research, 1978, 18 (10): 1279-1296.

[27] Horstmann G, Borgstedt K, Heumann M. Flanker Effects With Faces May Depend on Perceptual as Well as Emotional Differences[J]. Emotion, 2006, 6 (1): 28-39.

[28] Joormann J. Attentional bias in dysphoria: The role of inhibitory processes[J]. Cognition and Emotion, 2004, 18 (1): 125-147.

[29] Joormann J, Gotlib I H. Emotion Regulation in Depression: Relation to Cognitive Inhibition. Cognition and Emotion, 2010, 24 (2): 281-298.

[30] Kissler J, Keil A. Look-don't look! How emotional pictures affect pro- and anti-saccades[J]. Experimental Brain Research, 2008, 188: 215-222.

[31] Koch C, Tsuchiya N. Attention and consciousness: two distinct brain processes [J]. Trends in Cognitive Sciences, 2007, 11(1): 16-22.

[32] Lang P J. The emotion probe: studies of motivation and attention[J]. American Psychologist, 1995, 50 (5): 372-385.

[33] Neill W T, Valdes L A. Persistence of negative priming: steady state or decay [J]. Journal of Experimental Psychology: Learning, Memory and Cognition, 1992, 18: 565-576.

[34] Nummenmaa L, Hyönä J, Calvo M G. Eye movement assessment of selective attention capture by emotion pictures[J]. Emotion, 2006, 6: 257-268.

[35] Nummenmaa L, Hyönä J, Calvo M G. Emotion scene content drives the saccade generation system reflexively[J]. Journal of Experiment Psychology, 2009, 35

(2)：305-323.

[36] Posner M I, Petersen S E. The attention system of the human brain[J]. Annual Review of Neuroscience, 1990, 13：25-42.

[37] Stenberg G, Wiking S, Dahl M. Judging Words at Face Value: Interference in a Word Processing Task Reveals Automatic Processing of Affective Facial Expressions[J]. Cognition and emotion, 1998, 12 (6)：755 -782

[38] Taylor T L, Therrien M E. Inhibition of return for the discrimination of faces [J]. Perception Psychophysics, 2008, 70：279-290.

[39] Theeuwes J, Stigchel S V. Faces capture attention: Evidence from inhibition of return[J]. Visual cognition, 2006, 13：657-665.

[40] Thomas S J, Johnstone S J, Gonsalvez C J. Event-related potentials during an emotional Stroop task[J]. International Journal of Psychophysiology, 2007, 63：221-231.

[41] Van Honk J, Tuiten A, De Haan E. Attentional bias for angry faces: relationship to trait anger and anxiety[J]. Cognition and Emotion, 2001, 15：279-297.

[42] Vuilleumier P. Facial expression and selective attention[J]. Current Opinion in Psychiatry, 2002, 15：291-300.

[43] Williams J M G, Mathews A, MacLeod C. The emotional stroop task and psychopathology[J]. Psychological Bulletin, 1996, 120 (1)：3-24.

情绪场景图片的注意偏向:眼动研究[①]

王敬欣　贾丽萍　黄培培　白学军
（天津师范大学心理与行为研究院,天津,300074）

摘　要　与不带情绪色彩的刺激相比,具有情绪意义的刺激可引起注意偏向。本研究以情绪场景图片为材料,通过眼动技术分别记录被试在反向眼跳任务和Go/No-go任务中的眼动数据,考察了情绪图片的注意偏向。结果发现:反向眼跳任务中,

① 教育部人文社会科学重点研究基地重大项目(13JJD190005);天津市科技计划项目(09ZCZDSF04600);教育部人文社会科学研究青年基金项目(13YJC190028)

对情绪图片的眼跳错误率更高,对负性图片的眼跳潜伏期比中性图片更长;Go任务中,相对于呈现在中央的中性图片,情绪图片引起的对靶子的眼跳潜伏期更长;No-go任务中,相对于呈现在中央的中性图片,情绪图片引起的眼跳错误率更低。这说明情绪图片可引起注意偏向,表现为更快地捕获注意并且注意更难从情绪图片上转移。

关键词 情绪图片;注意偏向;眼动;反向眼跳;Go/No-go

1 引言

注意实验中,与不带情绪色彩的刺激相比,具有情绪含义的刺激可引起注意偏向。情绪信息对个体的生活有重要影响。对情绪信息的注意偏向可保证个体快速有效地处理情绪事件,而对情绪信息的过度注意则会引起情绪障碍(彭晓哲,周晓林,2005)。因此,对情绪的注意偏向进行研究,从而指导个体对情绪信息产生适度偏向,对个体的心理状态及社会生活具有重要意义(白学军,贾丽萍,王敬欣,2013)。当前,已有许多研究者开始关注个体的情绪注意偏向现象,并对情绪注意偏向是如何产生的进行了一些探讨(Koster, Crombez, Verschuere, & De Houwer, 2004,2007;Nummenmaa & Hyönä, 2009)。

当然,目前关于情绪注意偏向的发生过程还没有一致的结论。有研究者认为,情绪注意偏向的产生是由于情绪信息可更快地捕获注意(王敬欣,贾丽萍,白学军,罗跃嘉,2013;王敬欣,田静,贾丽萍,李永鑫,2012;Koster et al., 2004,2007);也有研究者认为,情绪信息影响了个体注意解除的能力,使注意更难从情绪信息上离开,从而引起了情绪的注意偏向(Fox, Russo, & Dutton, 2002;Yiend & Mathews, 2001)。情绪的注意偏向通常指情绪信息可以吸引视觉对其进行注意,即情绪注意偏向与眼睛运动的关系很密切,脑成像研究也发现负责眼跳和注意转移的神经系统很多是重叠的(Curtis & Connolly, 2008)。因此,利用眼动技术探索情绪的注意偏向,可以考察情绪信息如何引导注意和其后的眼动,从而确定情绪的注意偏向是如何发生的。目前关于情绪注意偏向的研究很多,却很少有研究探讨情绪信息对眼动的影响(Kissler & Keil,

2008)。Nummenmaa,Hyönä 和 Calvo(2006)发现在自由观看和指示忽略情绪图片的条件下,被试都更容易把第一次注视直接指向情绪图片,且对于情绪图片注视时间更长;Calvo,Nummenmaa 和 Hyönä(2007)发现,被试对情绪启动刺激首次注视的可能性较高,眼跳潜伏期较短,对情绪图片一侧探测刺激的击中率也更高,表明情绪图片和中性图片存在竞争的情况下,被试的选择性注意会偏向于情绪性图片。

近年来随着心理学家对抑制过程的关注,越来越多的研究者利用抑制范式来研究情绪的注意偏向。另外,情绪图片一般为自然场景图片,可引起相应的情绪体验并且具有一定的生态效度,是研究情绪注意偏向较为理想的材料。通过记录抑制任务下被试对单独呈现的情绪和中性图片的眼动可以有效地考察情绪注意偏向的产生。本研究拟使用反向眼跳任务和 Go/No-go 两种抑制研究范式,以生态效度较高的情绪场景图片为实验材料,通过记录被试在执行任务过程中的眼动来探讨情绪的注意偏向。反向眼跳任务中,情绪图片出现时要求被试将眼睛跳向情绪图片相反的位置,如果被试对情绪图片表现出较高的首次眼跳错误率和较长的首次正确眼跳潜伏期,就说明情绪图片更容易捕获注意;Go/No-go 任务中,情绪图片呈现在屏幕中央,考察注意被情绪图片捕获后从情绪图片上的解除情况,Go 任务中,相较于中性图片条件,如果情绪图片条件下被试对靶子的眼跳潜伏期更长,就说明被试更容易将其注意保持在情绪图片上面,从而导致注意从情绪图片上的转移较难,干扰了被试对靶子的眼跳;而 No-go 任务中,如果情绪图片条件下的错误率更低,也说明被试更容易将注意保持在情绪图片上,从而有利于被试不对靶子做出眼跳反应。

2 实验

2.1 实验一

2.1.1 实验设计

3(图片类型:正性、负性、中性)×2(图片位置:左、右)的被试内设计,因变量为正确眼跳潜伏期和眼跳错误率。

2.1.2 被试

在校大学生 12 名(6 女,6 男),平均年龄 21 岁,被试无色弱、色盲,视力或矫正视力均正常,无神经病、精神病疾病史,均为右利手。所有被试先前均未参加过类似实验,实验后获得一定报酬。

2.1.3 实验材料与仪器

从中国情绪材料情感图片系统(Chinese Affective Picture System,简称 CAPS)(白露,马慧,黄宇霞,罗跃嘉,2005)中选取正性,负性和中性图片各 22 张。三者的愉悦度存在显著差异,$F(2,63)=679.44$,$p<.001$,Bonferroni 事后比较表明,正性图片的效价(6.84 ± 0.14)高于负性图片(2.29 ± 0.70)和中性图片(5.53 ± 0.13),$p_s<.001$,中性图片的效价高于负性图片,$p<.001$;在唤醒度上,三者也存在显著差异,$F(2,63)=885.63$,$p<.001$,正性(5.76 ± 0.12)、负性图片(5.72 ± 0.19)的唤醒程度均高于中性图片(4.17 ± 0.11),$p_s<.001$,正性和负性图片之间无差异,$p>.05$。

实验采用由加拿大 SR Research 公司开发的 EyeLinkll 头盔式眼动仪,采样频率 500 Hz。实验材料由戴尔 19 英寸纯平 CRT 显示器呈现,显示器的刷新率为 150 Hz,分辨率为 1 024 像素×768 像素。显示器屏幕中心与被试眼睛之间的距离约为 75 cm。

2.1.4 实验程序

被试进入实验室熟悉环境,克服因环境陌生而产生的紧张感,然后坐在眼动仪前,将下巴放在下巴托上,采用 5 点校准法对右眼进行校准。实验程序如图 1 所示,每次试验开始,屏幕中心将呈现大小为 $1°×1°$ 的注视点"+"800 ms,之后是 200 ms 的空屏,然后屏幕的左侧或右侧出现一张大小为 $7°×5°$ 的图片(正性、负性和中性三类图片随机呈现),图片中心距屏幕中心 $7°$,要求被试在图片出现后又快又准地看向图片的镜像位置(例如,若图片出现在屏幕右侧,则要求被试看向屏幕左侧距中心 $7°$视角的位置)。实验包括 24 次练习试验和 132 次正式试验,正式试验中66 张图片分别在屏幕左侧和右侧呈现一次。实验中间休息 5 分钟,之后重新校准,整个实验需 30 分钟左右。

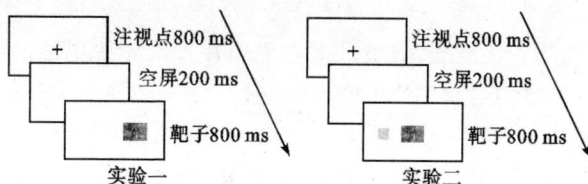

图 1　实验流程图

2.1.5　结果

将图片本身覆盖的区域(屏幕左、右距中心 $7°$,大小为 $7°×5°$ 的区域)定义为本实验的兴趣区。无效数据(眼跳落在屏幕之外、目标屏出现时注视点不在注视点区域内、眼跳潜伏期低于 80 ms 和高于 800 ms,以及目标屏出现在眨眼期间而没有眼动记录的数据)被剔除(占总数据的 8.32%)。主要分析两种眼动指标:首次正确眼跳潜伏期(correct trial latency)和首次眼跳方向错误率(directional error rate)。前者指从目标出现到被试做出首次方向正确的眼跳之间的时间间隔;后者指目标出现后,被试所做的第一次方向错误眼跳次数占第一次眼跳总次数的百分比。

使用 SPSS11.5 for Windows 对 12 名被试的眼动数据进行重复测量方差分析,结果显示,在首次正确眼跳潜伏期上,图片类型主效应显著,$F(2,22)=8.39$,$p<.05$,$\eta^2=.43$,Bonferroni 事后比较显示,相对于中性图片($233±15$ ms),被试对负性图片($242±16$ ms)的眼跳潜伏期更长,$p<.05$,而对中性图片和正性图片($238±16$ ms)的眼跳潜伏期无显著差异,$p>.05$,正性图片和负性图片之间的眼跳潜伏期也无显著差异,$p>.05$;图片位置主效应不显著,$F(1,11)=.51$,$p>.05$,$\eta^2=.04$;图片类型和图片位置交互作用不显著,$F(2,22)=.30$,$p>.05$,$\eta^2=.03$。在首次眼跳错误率上,图片类型主效应显著,$F(2,22)=7.68$,$p<.05$,$\eta^2=.41$,Bonferroni 事后比较显示,被试对正性图片的眼跳错误率($0.15±0.01$)高于中性图片($0.11±0.01$),$p<.05$,对负性图片的眼跳错误率($0.15±0.02$)

也高于中性图片，$p<.05$，正性和负性图片之间的眼跳错误率差异不显著，$p>.05$；图片位置主效应显著，$F(1,11)=16.39$，$p<.05$，$\eta^2=.60$，Bonferroni 事后比较显示，被试对右侧图片首次正确眼跳的错误率(0.15 ± 0.01)高于左侧图片(0.12 ± 0.01)，$p<.05$；图片类型和图片位置交互作用显著，$F(2,22)=12.36$，$p<.05$，$\eta^2=.53$，进一步的简单效应分析发现，被试对正性图片出现在右侧时的首次眼跳错误率(0.20 ± 0.01)比出现在左侧(0.10 ± 0.02)时高，$p<.05$，对负性图片和中性图片的首次眼跳错误率在左右侧位置上差异不显著，$p_s>.05$。

从实验一的结果可以看出，情绪图片影响了被试的反向眼跳，表现为相对于中性图片，被试对情绪图片的反眼跳更难，眼跳错误率更高，对负性图片的眼跳潜伏期也更长。实验一中，虽然要求被试不要看向图片出现的位置，但是情绪图片仍然使得反向眼跳任务的难度加大，这说明情绪图片的出现可以自动地捕获注意。那么情绪注意偏向是否只发生在注意捕获阶段？还是情绪图片捕获注意后，注意从情绪图片上的解除也更难？实验二将通过记录被试在 Go/No-go 任务下的眼动轨迹来回答这一问题。

2.2 实验二

2.2.1 实验设计

单因素(图片类型：正性、负性、中性)被试内设计，因变量为 Go 任务中的正确眼跳潜伏期和 No-go 任务中的眼跳错误率。

2.2.2 被试

在校大学生 13 名(6 男,7 女)，平均年龄 22 岁，其余要求同实验一，实验后获得一定报酬。

2.2.3 实验材料与仪器

同实验一。

2.2.4 实验程序

实验准备同实验一，三类情绪图片随机出现在屏幕中央，同时在图片的左侧或者右侧距中心 7°的区域会出现一个大小为 $1.5°\times1.5°$带有颜色的方块(黄色或者蓝色),要求被试根据方块的颜色做出相应反应,Go任务中,要求被试在预视到黄色方块后,尽快地注视黄色方块所在位置;No-go任务中,要求被试在预视到蓝色方块后,努力不要去注视它,而是保持注视图片所在位置。试验流程见图1,对不同颜色方块的反应在被试间进行平衡。实验包括24个练习试验和264个正式试验,中间休息5分钟,之后重新校准,整个实验需40分钟左右。

2.2.5 结果

一名被试的数据在保存时出现错误,将其所有数据删除。最后有效被试12名。本实验中将颜色方块所在区域(屏幕左、右距中心7°,大小为$1.5°×1.5°$的区域)定义为兴趣区,无效数据(眼跳落在屏幕之外、目标屏出现时注视点不在屏幕中央图片区域内、眼跳潜伏期低于80 ms和高于800 ms,以及目标屏出现在眨眼期间而没有眼动记录的数据)被剔除(占总数据的7.83%)。

使用SPSS11.5对12名被试的数据进行重复测量方差分析,结果发现:Go任务中,首次正确眼跳潜伏期在图片类型上主效应显著,$F(2,22)=4.54$,$p<.05$,$\eta^2=.29$,Bonferroni事后比较显示:被试在正性($335±46$ ms)和负性图片($334±56$ ms)下的眼跳潜伏期均长于中性图片($317±49$ ms),$p_s<.05$;而正性和负性图片两种条件之间无显著差异,$p>.05$;No-go任务中,首次眼跳错误率在图片类型上主效应显著,$F(2,22)=44.59$,$p<.05$,$\eta^2=.80$,Bonferroni事后比较显示:被试在正性($0.21±0.03$)和负性图片($0.21±0.04$)下的首次眼跳错误率均低于中性图片($0.28±0.02$),$p_s<.05$;而正性和负性图片之间无显著差异,$p>.05$。

3 讨论

本研究使用反向眼跳和Go/No-go实验范式,通过记录被试的眼动轨迹探讨了情绪图片的注意偏向。结果发现,反向眼跳任务中,被试对情绪图片的眼跳错误率更高,对负性图片的眼跳潜伏期比中性图片更长;相对于呈现在中央的中性图片,Go任务中情绪图片引起的对靶子的眼跳潜伏期更长;No-go任务中情绪图片引起的眼跳错误率更低。

3.1 情绪注意偏向的产生

目前关于情绪注意偏向是如何产生的仍处于争论之中,记录按键反应时和错误率的行为实验可以考察情绪注意偏向是否发生,却不能考察其产生过程。眼动技术的使用,可以更为直观具体地研究情绪的注意偏向,实验结果将有助于解释情绪注意偏向产生的过程。Calvo 等(2007)在启动—探测任务中发现,相比中性图片,被试对情绪图片首次注视的可能性较高,眼跳潜伏期也较短,由此他们认为,情绪注意偏向是由情绪图片可快速捕获注意引起的。Kissler 和 Keil(2008)通过朝向和反向眼跳任务发现,朝向眼跳任务中,情绪图片的眼跳反应时较中性图片的短,反向眼跳任务中,对情绪图片的眼跳错误率也较高,表现出了情绪图片对注意的快速捕获。Nummenmaa 等(2009)也发现被试的眼跳轨迹会偏向于情绪图片呈现的位置,表明情绪图片更容易捕获注意,对其抑制较难。本研究实验一中被试对正性和负性情绪图片的反向眼跳首次眼跳错误率更高,对负性图片的首次正确眼跳潜伏期也更长,同样表明情绪图片可以快速地捕获注意。

情绪图片快速捕获注意后,注意从情绪图片上的解除情况如何,是否更难? 以上研究并未回答这一问题。Nummenmaa(2006)等人以情绪场景图片为材料,通过控制指导语利用眼动技术考察了同时呈现的中性和情绪图片对注意的影响,结果发现,即便明确要求被试注视中性图片,情绪图片也可引起注意偏向并表现为更多的首次眼跳和更多的首次注视时间,通过首次眼跳和首次注视时间两个指标可以看出,情绪的注意偏向表现为更快地捕获注意并更容易将注意维持在情绪图片上。但是他们通过指导语控制被试的注意主观性较强,不能客观有效地考察被试在多大程度上履行了实验者的要求,并且同时呈现情绪图片和中性图片不能区分注意捕获和注意解除两个过程(Bannerman, Milders, & Sahraie, 2010)。本研究实验二中采用 Go/No-go 任务,单独呈现情绪图片和中性图片,要求被试根据出现在图片旁边的颜色方块做出 Go 和 No-go 的反应,通过记录被试的眼动,可以客观地考察情绪注意偏向的产生过程,并且可以有效区分注意捕获和注意解除两个过程。结果发现,Go任务中,相对于中性图片,被试对正性和负性情绪图片的首次正确眼跳潜伏期更长,No-go任务中被试在正性和负性情绪图片条件下的首次眼跳错误率均低于中性图片条件,这就证明情绪图片在快速捕获注意后,也更容易维持注意,从情绪图片上解除注意也更困难,从而引起注意偏向。

最近,Bannerman等在外源线索任务下分别考察了眼动和手动反应两种条件下由表达情绪的身体姿势引起的注意偏向,结果显示,恐惧的身体姿势可快速地捕获注意并且被试对其注意解除也更难(Bannerman et al.,2010),这与我们的研究结果也是一致的。

3.2　情绪注意偏向的单侧化

大脑两半球对情绪的加工起着不同的作用,但对每个半球加工情绪的具体贡献,一直存在争论。当前主要存在两个观点:大脑右半球假设(Borod,1992)和效价假设(Davidson,1992)。前者认为大脑右半球对情绪加工起主要作用,不考虑情绪的效价;后者则认为左半球主要负责积极情绪的加工,右半球主要负责消极情绪的加工。近来也有研究发现,大脑对情绪的加工并不一定都遵循大脑右半球假设或者效价假设。Bourne(2010)考察了大脑对面孔情绪加工的单侧化,发现左半球偏向于加工积极的情绪面孔,而在加工消极情绪面孔时并没有大脑半球的加工偏向。本研究实验一中,正性图片出现在右侧时的首次眼跳错误率比出现在左侧时高,表明被试更容易被右侧视野的正性情绪图片吸引,表现出对正性情绪图片加工的大脑左半球优势,而对出现在左右两侧的负性的情绪图片的首次眼跳错误率并没有显著差异,对负性情绪图片的加工没有表现出半球优势,这与Bourne(2010)的研究结果一致。

4　结论

本研究发现,情绪图片可自动地快速捕获并维持注意,被试的注意一旦被情绪图片捕获,就更难从中解除,从而引起情绪的注意偏向。此外,右侧视野的正性情绪更容易引起被试的注意偏向,因此个体对正性情绪的注意偏向可能存在大脑单侧化现象。

参考文献

[1] 白露,马慧,黄宇霞,罗跃嘉. 中国情绪图片系统的编制——在 46 名中国大学生中的试用[J]. 中国心理卫生杂志,2005,19(11):719-722.

[2] 白学军,贾丽萍,王敬欣. 抑制范式下的情绪注意偏向[J]. 心理科学进展,2013,21(5):785-791.

[3] 彭晓哲,周晓林. 情绪信息与注意偏向[J]. 心理科学进展,2005,13(4):488-496.

[4] 王敬欣,贾丽萍,白学军,罗跃嘉. 返回抑制过程中情绪面孔加工优先:ERPs 研究[J]. 心理学报,2013,45:1-10.

[5] 王敬欣,李娟,田静,李永鑫. 反向眼跳的脑机制及其心理学意义[J]. 中国特殊教育,2010,8:61-64.

[6] 王敬欣,田静,贾丽萍,李永鑫. 负性信息自动捕获注意:来自返回抑制的证据[J]. 中国特殊教育,2012,142(4):93-96.

[7] Bannerman R L, Milders M, Sahraie A. Attentional cueing: Fearful body postures capture attention with saccades[J]. Journal of Vision, 2010, 10(5): 1-14.

[8] Borod J C. Interhemispheric and intrahemispheric control of emotion: a focus on unilateral brain damage[J]. Journal of consulting and clinical psychology, 1992, 60(3): 339.

[9] Bourne V J. How are emotions lateralised in the brain? Contrasting existing hypotheses using the chimeric faces test[J]. Cognition and Emotion, 2010, 24(5): 903-911.

[10] Calvo M G, Lang P J. Parafoveal semantic processing of emotional visual scenes[J]. Journal of Experimental Psychology: Human Perception and Performance, 2005, 31: 502-519.

[11] Calvo M G, Nummenmaa L, Hyönä J. Emotional and neutral scenes in competition: Orienting, efficiency, and identification[J]. The quarterly journal of experimental psychology, 2007, 60(12): 1585-1593.

[12] Calvo M G, Nummenmaa L, Hyönä J. Emotional scenes in peripheral vision:

selective orienting and gist processing, but not content identification [J]. Emotion, 2008, 8(1): 68-80.

[13] Calvo M G, Nummenmaa L. Eye-movement assessment of the time course in facial expression recognition: Neurophysiological implications [J]. Cognitive, Affective, & Behavioral Neuroscience, 2009, 9 (4): 398-411.

[14] Curtis C E, Connolly J D. Saccade preparation signals in the human frontal and parietal cortices[J]. Journal of neurophysiology, 2008, 99(1): 133-145.

[15] Davidson R J. Emotion and affective style: Hemispheric substrates [J]. Psychological Science, 1992, 3: 39-43.

[16] Fox E, Russo R, Dutton K. Attentional bias for threat: Evidence for delayed disengagement from emotional faces[J]. Cognition and Emotion, 2002, 16 (3): 355-379.

[17] Johanna K, Andreas K. Look-don't look! How emotional pictures affect pro- and anti-saccades[J]. Experiment Brain Research, 2008, 188: 215-222.

[18] Kissler J, Keil A. Look-don't look! How emotional pictures affect pro- and anti-saccades[J]. Experimental Brain Research, 2008, 188: 215-222.

[19] Koster E H, Crombez G, Verschuere B, De Houwer J. Selective attention to threat in the dot probe paradigm: differentiating vigilance and difficulty to disengage[J]. Behaviour Research and Therapy, 2004, 42(10): 1183-1192.

[20] Koster E H, Crombez G, Verschuere B, Vanvolsem P, De Houwer J. A timecourse analysis of attentional cueing by threatening scenes[J]. Experimental Psychology, 2007, 54(2): 161-171.

[21] Nummenmaa L Hyönä J, Calvo M G. Eye movement assessment of selective attentional capture by emotional pictures[J]. Emotion, 2006, 6(2): 257-268.

[22] Nummenmaa L, Hyönä J. Emotional scene content drives the saccade generation system reflexively[J]. Journal of Experimental Psychology: Human Perception and Performance, 2009, 305(2): 305-323.

[23] Yiend J, Mathews A. Anxiety and attention to threatening pictures [J]. Quarterly Journal of Experimental Psychology A: Human Experimental Psychology, 2001, 54: 665-681.

负性信息自动捕获注意:来自返回抑制的证据[①]

贾丽萍[1]　田静[1]　王敬欣[1]　李永鑫[2]

(1. 天津师范大学心理与行为研究院,天津 300074;

2. 北京师范大学发展心理研究所,北京)

摘　要　负性信息对于人类的生存来说起着重要的警示作用,本实验研究采用情绪图片作为情绪信息的来源,利用返回抑制的范式,对负性信息是否能自动捕获注意进行研究。结果发现:负性图片为有效线索时的反应时显著大于中性图片为有效线索时的反应时,即在负性图片为有效线索时出现了返回抑制现象。证明了负性信息能自动捕获注意。

关键词　负性信息;注意;返回抑制

1　问题提出

信息加工在知觉中的选择性是脑的工作的一种特性,它是有机体适应无限多的刺激物的一种方式,是脑的信息加工的一种特性,是注意与知觉相互影响的现象与结果。由于加工资源的有限性,人类不可能对周围环境所提供的任何所有信息都进行加工。这时加工的选择性就显得尤为重要。而注意的基本功能就是对信息进行选择。那么什么样的外界环境提供的什么样的信息才能引起注意,获得加工呢? 从生物进化的角度来看,负性信息,尤其是威胁性刺激,与人类的生存紧密相连,起到信号警示作用,所以人们应该对负性信息给予更多的注意,这是适应性的表现。那么在现实生活中,人们对于负性信息的选择是有意识的分配注意,还是负性信息能自动捕获注意呢?

一些研究者认为,对情绪信息的加工是一个自动化的过程,自下而上,由刺激驱动。在注意实验中,由于视觉系统加工资源的有限性决定了我们必须对要加工的信息进行选择和取舍,因此与不带情绪色彩的刺

①　教育部基地项目(01JAZDXLX002)和天津市科技计划项目(09ZCZDSF04600)资助。

激相比,具有情绪含义的刺激更能吸引注意或占用注意资源,引起注意偏向[1]。这种注意偏向能够由各种类型的信息刺激引起,还是只由负性信息刺激引起呢?这是一个存在争议的问题。但大部分实验发现的注意偏向是由负性刺激引起;有的实验还发现,甚至在非注意或者注意资源缺乏的条件下,负性信息也会导致注意偏向[2]。并且在 Fox 等人的实验结果中更是出现了负性信息面孔比正性信息面孔反应时更快的现象[3]。

然而,也有研究者认为应该认识到在上述实验中所观察到的现象也许是因为不能从情绪信息面孔上脱离注意而产生的结果,而并不能完全说明这就是负性信息自动捕获注意的结果[4]。也就是说虽然在实验中表现出了对负性信息的选择,但不能就理解为这种结果就是由于负性信息能够自动捕获注意所造成的。

由于对先前的实验结果缺乏确定的解释,因此研究者们开始致力于寻找一种新的方式来证明负性信息能够自动捕获注意。在最近的研究中,研究者们试图采用返回抑制这种现象来研究负性信息对注意的捕获问题。返回抑制(inhibition of return,IOR)是指对原先注意过的物体或位置进行反应时所表现出的滞后现象。采用突然变暗或变亮的方法,对空间某一位置进行线索化,会使对紧接着出现在该位置上的靶刺激的反应加快,即产生易化作用。Posner 和 Cohen 发现如果线索和靶子呈现的时间间隔(stimulus onset asynchrony,SOA)大于 300 ms,则易化作用会被抑制作用取代,对线索化位置上靶刺激的反应慢于非线索化位置,这种抑制作用被称为返回抑制,这一现象引起了大量的后续研究。与此同时 Posner 和 Cohen 发现当注意反射性得分配到一个突然明亮的地方时,返回抑制就会出现。相反,当视觉注意自主的分配(即需要意志努力的)到某个地方地方时,返回抑制则不会出现。即返回抑制是注意自动转移的结果[5]。

本实验使用线索—靶子范式,在经典 IOR 实验范式的基础上进行改进,在左右两个注视点同时呈现图片(一张为负性情绪图片,另一张为中性图片)。由于返回抑制只有在注意自动转移的情况下才会出现,那么如果只有在负性情绪图片为有效提示的情况下才出现返回抑制,而中性图片为有效提示的情况没有出现返回抑制,就能说明负性情绪信息能自动捕获注意。

2 研究方法

2.1 实验设计

本实验是单因素两个水平(负性情绪提示、中性提示)的被试内实验,因变量为被试的错误率与反应时。

2.2 实验被试

随机选取在校大学生 15 名(8 男,7 女),所有被试均身体健康,智力正常,视力或者矫正视力正常,没有色盲,均为右利手。实验前没有经过这方面的训练,实验后获得一定报酬。

2.3 仪器与材料

情绪图片分为负性信息图片和中性信息图片,各 22 张,情绪图片在愉悦度、唤醒度方面均进行了匹配。在愉悦度上,负性、中性两者统计学差异显著,$t_{(42)} = -21.21$,$p < 0.001$;在唤醒度上,负性、中性两者统计学差异显著,$t_{(42)} = 33.26$,$p < 0.001$。负性图片的愉悦度和唤醒程度均高于中性图片。

实验程序用 E-prime 软件(美国卡奈基—梅龙大学和匹兹堡大学联合开发)编写,在 14.1 寸的笔记本电脑上呈现实验材料,屏幕分辨率为 1 024×768。计算机屏幕的背景为黑色。刺激显示都以一个"+"号为注视点,以两个方框代表线索和靶子可能出现的空间位置。线索为情绪图片,靶子为圆环。注视点"+"、方框和在方框中呈现的刺激圆环均为白色,方框大小为 5.87 cm×4.39 cm。被试距离屏幕 60 cm,每个方框距中央注视点视角为 6.9°,方框的水平和垂直视角为 8.1°×6.2°。

2.4 程序

实验采用线索—靶子范式,线索—靶子之间的时间间隔(SOA)在

1 000～1 100 ms 之间变化。要求被试做定位反应。实验程序如图 1 所示,每次测试开始,在计算机屏幕上都会出现三个方框,中间的方框中有一个"＋",要求被试注视这个"＋",800 ms 后在左边和右边的方框中会同时出现两张图片 200 ms 后消失,300 ms 后中间的"＋"被圆环代替,200 ms 后又变回"＋",间隔 300～400 ms 后会在左边或右边的方框中出现一个圆环。要求被试判断圆环的位置。圆环在左边按"F"键,圆环在右边按"J"键。反应键在被试间进行匹配。每次测试之间的间隔为 1 000 ms。

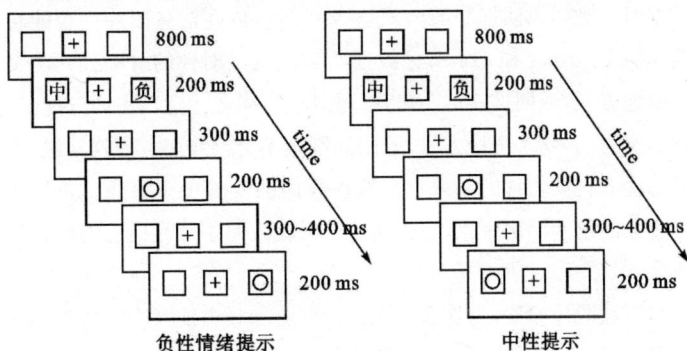

图 1   实验程序图

整个实验分为练习和正式实验两部分。练习中有 16 个试次,可循环进行直至被试明白实验程序并且正确率在 80% 以上,则进入正式实验。正式实验分为 4 个组块,每个组块中有 80 个试次。每个组块后被试休息 3 分钟。实验中对负性图片以及中性图片的左右位置进行了匹配,各组匹配图片以及靶子的位置(左右各占 1/2)均随机呈现。在实验过程中,要求被试注视中心注视点。

3   研究结果

在去掉任务中错误率超过 20% 的被试的数据(3 人,包括 1 男 2 女),保留 12 个被试的数据,他们的错误率低于 2%,因此不对错误率做进一步分析。对正确反应时删除±3 个标准差以外的极端数据后,结果详见表1,利用 spss11.5 对有效数据进行配对样本 t 检验发现,当负性图片和中性图片分别为有效线索时,被试的反应时存在显著性差异,$t_{(11)}=2.27$,$p<0.05$,负性图片为有效线索时的反应时($367.73 \text{ ms} \pm 47.01$)显著大于中性图片为有效线索时的反应时($362.94 \text{ ms} \pm 47.70$)。即在以负性图片为线索条时出现了返回抑制现象。

4 讨论

本研究利用返回抑制的出现与否来判断负性信息图片是否能自动捕获注意。Posner 和 Cohen 已经证明当注意反射性的分配到一个突然明亮的地方时,返回抑制就会出现。相反,当视觉注意自主的分配(即需要意志努力的)到某个地方时,返回抑制则不会出现[5]。也就是说,返回抑制是注意自动转移的结果。既然在我们的实验中观察到了负性图片的位置上的返回抑制现象,那么这一结果就证明了负性信息能够自动捕获注意。

与中性图片相比,为什么负性图片会更加吸引注意呢? 从生物进化的角度来看,负性图片所包含的负性信息,尤其是包含的威胁性刺激,与人类的生存紧密相连,起到信号警示作用,所以人们对负性信息给予更多的注意,是适应性的表现。个体要想生存就必须在第一时间内发现周围存在的危险,这样就需要注意能忽略环境中的其他信息而自动地指向和集中到这些危险信息上。这样才能以最快的速度发现危险并以最快的速度逃离危险。因此负性情绪能自动捕获注意也是符合生物进化论的,对人类的生存发展起着极其重要的作用[11]。

负性信息能自动捕获注意可能与人类的自我防御机制也有关系[12]。自我防御机制是自我面对有可能的威胁和伤害时一系列的反应机制。即当自我受到外界的人或者是环境因素的威胁而引起强烈的焦虑和罪恶感时,焦虑将无意识地激活一系列的防御机制。因此人类对消极的内容有较强的警觉性,对消极的内容也比较敏感。当环境中出现负性信息后就会将注意自动转移到负性信息上去而忽略其他信息,以便第一时间发现威胁及伤害,再对负性信息进行加工,以最快的速度启动防御机制,并用此方式来维持平衡。

本次实验中利用的返回抑制范式和以前各种类似研究中所利用的方法相比,具有很多优势。首先在以前的一系列实验中,研究者只是将一张图片放在左右注视点的某一边作为线索。例如在 Fox 等的实验中,只是在注视点左边 8°的地方或者注视点右边 8°的地方呈现一个线索。这个线索之后会出现一个箭头,然后要求被试快速做出判断[4]。显然只在注视点左侧或者注视点右侧出现一个线索会导致左右两边的亮度不一致,不管线索呈现的是什么,这样都会影响注意的自动捕获或者说影响注意的指向与集中。而在本次实验中采用的是在左右注视点同时呈现图片,并且同时呈现的图片还做过专门的匹配。那么这样就不仅不会存在亮度不一致的问题,也同时排除了由于图片的一系列物理性质对实验结果造成的干扰。

第二个优势是,在许多实验研究中,研究者单纯依赖反应时的大小来判定注意是否被自动捕获。当一个不相关的目标呈现在情绪图片的位置时,被试的反应时会小于目标呈现在非情绪图片的位置时的反应时[13]。即使这个结果常常被用来说明注意的自动捕获,但是这也只能表明注意一旦转移到情绪图片所在的位置之后,就很难从情绪图片这个位置转移到非情绪图片的位置上去了,而不能就说明情绪图片能自动捕获注意[4]。但本实验中,情绪和非情绪图片在线索化阶段同时呈现在注视点两侧,有效避免了上述问题并且可以利用返回抑制的产生与否作为情绪自动捕获注意的标志。

本实验所采用的方法在 IOR 经典范式的基础上进一步改进,值得一提的是,经过改进的范式能够区分出实验结果到底是由于注意自动捕获造成的还是由于注意难以脱离造成的。当前的这个研究范式能够帮助解决关于负性图片或者恐惧的面孔、物体或单词是否能够自动捕获注意的争论[4]。

从前面的统计结果可以看出,当负性图片为有效线索时,被试的反应时显著大于当中性图片为有效线索时的反应时。也就是说当用负性信息图片作为有效线索时被试出现了返回抑制的现象。而我们知道返回抑制产生的原因是因为注意的自动转移,也就是说本实验中是由于负性图片自动捕获注意而导致了返回抑制的出现,即证明了负性信息可自动捕获注意。

5 结论

当用负性情绪图片作为有效线索时被试出现了返回抑制的现象。也就是说与中性图片相比,负性图片能够自动捕获注意,即负性信息能自动捕获注意。

参考文献

[1] Lang P J. The emotion probe: studies of motivation and attention[J]. American Psychologist, 1995, 50 (5): 372-385.

[2] 彭晓哲,周晓林.情绪信息与注意偏向[J].心理科学进展,2005, 13(4):488-496.

[3] Theeuwes J, Stefan V S. Faces capture attention: Evidence from inhibition of return[J]. Visual Cognition,2006,13(6):657-665.

[4] Fox E, Russo R, Bowles R J, Dutton, K. Do threatening stimuli draw or hold visual attention in sub-clinical anxiety? [J]. Journal of Experimental Psychology: General , 2001, 130: 681-700.

[5] 周建中.返回抑制研究的新进展[J].心理科学,2003,26(2):326-329.

[6] 李晓轩,王玉改.注意中的返回抑制[J].心理学动态,1999,7(3):7-12.

[7] 陈咏媛.返回抑制——一个不断扩展的领域[J].文教资料,2006,4:217-218.

[8] 焦江丽.王勇慧.边国栋. 认知控制对基于位置和颜色返回抑制的影响[J]. 心理与行为研究,2009,7 (1):44-49.

[9] 史红娇, 刘昌. 外框数目、线索数目和线索类型对返回抑制的影响[J]. 心理与行为研究,2010,8(3): 175-182.

[10] 邓晓红,张德玄,黄诗雪,袁雯, 周晓林.阈上和阈下不同情绪线索对返回抑制的影响[J].心理学报,2010,42(3):325-333.

[11] 朱诗敏,郑希付.短影片启动情绪对注意偏向的影响[J].心理科学,2009,32(2):

327-330.

[12] Mathews A，Mackintosh B，Fulcher E P. Cognitive biases in anxiety and attention to threat[J]. Trends in Cognitive Sciences，1997，1：340-345.

状态焦虑大学生对负性情绪词的注意偏向

贾丽萍[1]　张　芹[1]　藤晓云[2]　邵建岗[2]

[1. 中国.潍坊医学院心理学系(山东潍坊) 261053
2. 潍坊医学院附属医院　3. 潍坊医学院网络信息中心]

摘　要　目的:考察状态焦虑大学生对负性情绪词的注意偏向及其内在机制。方法:通过数字减法任务诱发大学生的状态焦虑,采用点探测和线索—靶子任务,分别将情绪词置于线索和靶子位置,比较状态焦虑大学生和正常大学生对靶刺激反应的差异。结果:正常组大学生的状态焦虑量表得分实验前和实验后差异不显著,$t=0.373$, $p=0.712$,(32.73±7.45 vs. 32.33±7.42);状态焦虑组大学生实验后的量表得分显著高于实验前,$t=-5.595$,$p<0.05$,(43.07±8.99 vs. 31.23±7.47)。点探测任务中,词语类型与被试类型交互作用显著($F(1,46)=4.103$,$p<0.05$),状态焦虑大学生对负性词条件下靶刺激的反应时比中性词条件下的更短(310.35±37.69 vs. 318.15±39.45),而正常大学生在两类词语条件下对靶刺激的反应时差异不显著(327.26±46.6 vs. 327.60±47.04)。线索—靶子任务中,线索类型、词语类型、被试类型三者交互作用显著($F(1,39)=47.478$,$p<0.05$)。状态焦虑组大学生在负性有效线索条件下的反应时短于负性无效条件下的反应时(331.51±42.77 vs. 347.61±46.65),正常组大学生在负性有效条件下的反应时长于负性无效条件(339.02±47.51 vs. 326.42±39.86)。结论:本研究发现状态焦虑大学生对负性情绪词存在注意偏向,表现为其注意一旦被负性负性信息捕获,就难以从中解除。

关键词　状态焦虑;大学生;情绪词;注意偏向

近几十年来,焦虑与注意偏向的研究是情绪与认知领域的研究热点。白学军等认为,焦虑是一种没有明显客观原因的内心不安或无根据的恐惧[1]。大量已有研究证明,焦虑个体对负性刺激会表现出注意偏向,且高、低焦虑个体的注意偏向存在不同的趋势[2,3]。同时有研究者认为焦虑个体对负性刺激的注意偏向可能是形成和维持个体焦虑的关键因素[4]。Williams 等人的研究证明,在正常被试和非临床患者(亚临床的高特质焦虑个体)中没有发现对情绪信息的注意偏向,但在临床患者身上却有这种注意偏向[5]。关于焦虑个体对威胁刺激有注意偏向的潜在原因或机制,有研究表明焦虑个体对威胁性刺激的注意偏向是一种注意的警觉[6],也有研究发现是一种注意的解除困难[7,8]。目前关于情绪注意偏向是如何产生的仍处于争论之中。本研究采用数字减法任务诱发被试的状态焦虑,通过比较正常被试和状态焦虑被试对负性情绪刺激的反应时,来探讨状态焦虑大学生和正常大学生的注意特点,研究状态焦虑个体是否对负性情绪刺激更敏感,并探讨状态焦虑大学生对负性情绪信息注意偏向的产生机制。研究预测,处于焦虑状态的大学生对负性刺激的注意偏向是一种注意警觉,而且他们的注意一旦被负性负性信息捕获,就难以从中解除。

1 对象与方法

1.1 对象

随机选择在校全日制大一学生 60 人,所有被试都不了解实验目的,并且所有被试的裸眼视力或矫正视力正常,都是右利手。60 名大学生被随机分为两组,其中一组接受状态焦虑诱发操作,另一组不接受状态焦虑诱发的操作。实验后给予所有被试适当的报酬。

1.2 实验工具和材料

选用李文利和钱铭怡[9]修订的状态焦虑量表。此量表包括 20 个项目,评估人们"这一时刻"的感受。每个项目的计分都分 1~4 四个等级,得分 4 表示高焦虑水平。其中 1、2、5、8、10、11、15、16、19、20 为反向计分项目。得分最小值为 20,最大值为 80,平均数 45.31,标准差为 11.99。分数越高表示焦虑水平越高。量表的同质性信度为 0.906 2。

从汉语感情色彩双字词词库[10]中选择 45 个中性词,45 个负性词,共 90 个词语。随机选择其中的 5 个中性词语和 5 个负性词语做练习材料。统计两类词语在效价、唤醒度、熟悉度和词频四个维度上的得分,结果如表1所示。

表1　不同词汇的效价、唤醒度和熟悉度和词频(M±SD)

	负性词	中性词
效价	3.01±0.2	5.31±0.91
唤醒度	5.12±0.47	4.36±0.53
熟悉度	4.9±0.46	5.09±0.55
词频	10.47±9.08	14.87±12.49

对两类词语在各维度上的差异进行方差分析,结果表明:两类词在效价上存在显著差异,$F(1,88)=55.674$,$p<0.05$;在唤醒度维度上,两类词也存在显著差异,$F(1,88)=0.526$,$p<0.05$;在熟悉度维度上,中性词($5.086±0.55$)和负性词($4.895±0.46$)差异不显著,$p=0.078$;在词频维度上,中性词($14.867±12.49$)和负性词($10.467±9.077$)差异也不显著,$p=0.059$。

1.3　状态焦虑诱发

本研究中状态焦虑组大学生的状态焦虑通过减法运算的方式诱发。具体操作如下:要求被试端坐在计算机前,告诉他们接下来的实验任务是一个与智力有关的任务,在实验中将会记录他们的测试反应(比如准确度、速度等)。要求被试以4872或5231为第一个数字做减17的运算,并大声报告答案。

1.4　实验任务和设计

所有被试需要完成点探测和线索—靶子两个实验任务。点探测任务中采用2(被试类型:状态焦虑、正常)×2(词语类型:负性、中心)的两因素混合实验,其中被试类型为被试间变量,词语类型为被试内变量,这一任务可以探讨状态焦虑大学生和正常大学生的注意特点,研究状态焦虑个体是否对负性情绪刺激更敏感。线索—靶子任务中采用2(被试类型:状态焦虑、正常)×2(词语类型:负性词、中性词)×2(线索类型:有效、无效)的混合实验,其中被试间变量为被试类型,被试内变量为线索类型和词语类型,用于探讨状态焦虑大学生对负性情绪信息的注意偏向是否是一种注意解除困难。

1.5 实验程序

每个被试单独施测,实验开始之前先填写一份状态焦虑问卷(STAI-S)。

点探测任务中,状态焦虑组大学生首先完成减法运算任务,之后进入点探测的练习阶段,由计算机呈现所有的实验材料,实验背景为白色,实验刺激为黑色。被试眼睛平视显示器,且与显示器屏幕中心之间的距离约为75 cm。实验开始后会在屏幕上出现一个固定点"+",持续时间为500 ms,要求被试注视这个固定点"+";之后在+的左右两侧会同时出现一对词语,词语持续时间为250 ms;词语消失后出现50 ms的空屏;最后在出现过两个词语的位置中的某个位置上呈现靶目标圆圈,要求被试按键反应,如果圆圈出现在左侧词语位置上,被试要用左手食指按键盘的"F"键;如果圆圈出现在右侧词语位置上,被试要用右手食指按键盘的"J"键。要求又快又准地做出反应。被试做出反应后靶目标圆圈消失。实验实验包括6次练习试验和90次正式试验。正式实验中,45个中性词和45个负性词分别在屏幕左侧、右侧呈现一次,中性词和负性词配对呈现。靶目标的位置在两类词语位置上的次数相同。实验流程如图1、图2所示。

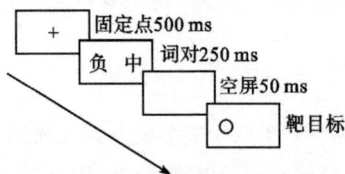

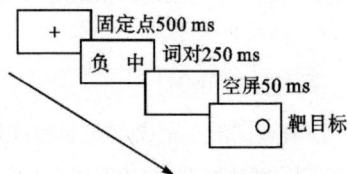

图 1　负性情绪词位置上呈现靶目标　　图 2　中性词位置上呈现靶目标

被试完成点探测任务后休息30分钟,然后进行线索—靶子任务。在线索—靶子任务中,首先在屏幕上出现固定点"+",持续时间为500 ms,要求被试注视"+";之后在"+"的左侧或右侧会出现一个词语(中性词或负情绪词),持续时间 250 ms;词语消失后出现空屏,持续时间 50 ms;之后呈现靶目标圆圈,要求被试判断圆圈的位置,如果圆圈出现在左侧词语位置上,被试要用左手食指按键盘的"F"键;如果圆圈出现在右侧词语位置上,被试要用右手食指按键盘的"J"键。被试又快又准地做出反应。被试做出反应后靶目标圆圈消失。实验实验包括 6 次练习和 180次正式试验,负性有效、负性无效、中性有效、中性无效各 45 个试次,随机出现。实验流程如图 3、图 4、图 5、图 6 所示。正常组被试进行练习和正式实验,状态焦虑组先进行减法运算,再进入练习和正式实验阶段。

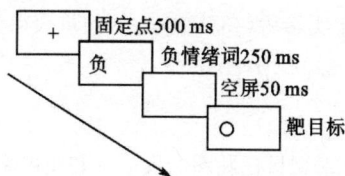

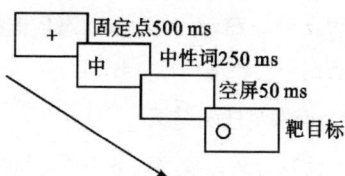

图 3　负性情绪词为有效线索的流程　图 4　中性词为有效线索的流程

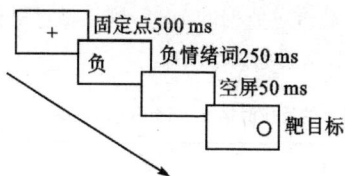

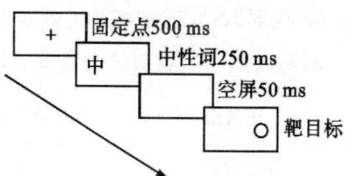

图 5　负性情绪词为无效线索的流程　图 6　中性词为无效线索的流程

所有被试在完成所有任务后再次填写一份相同的状态焦虑问卷(STAI-S)。

2　结果

2.1　状态焦虑问卷结果

统计所有被试实验前、后的量表得分,对无效数据(包括量表项目有漏题的被试的数据,量表得分低于 20 分或高于 80 分的被试的数据)进行剔除,得到 60 名被试的有效数据。统计 60 名被试实验前、后的量表得分结果如表1。

表1　状态焦虑组、正常组实验前后量表得分情况(M±SD,单位:分)

被试类型	实验前	实验后
状态焦虑组	31.23±7.47	43.07±8.99
正常组	32.73±7.45	32.33±7.42

对两组被试实验前、后的得分分别进行配对样本 T 检验,结果显示,正常组的量表得分实验前(32.73±7.45)和实验后(32.33±7.42)差异不显著,$t=0.373$,$p=0.712$;状态焦虑组实验后(43.07±8.99)的量表得分显著高于实验前(31.23±7.47),$t=-5.595$,$p<0.05$。

2.2　点探测任务结果

统计分析点探测任务中所有被试对靶目标圆圈的反应时和正确率,首先剔除被试在实验中按键出错的异常值、反应时低于 200 ms 或高于 900 ms 的异常值,若被试的无效数据超过总数据的 10%,则该被试被删除。最后,得到 48 名被试的有效数据,结果如表 2 所示。

表2　正常组、状态焦虑组在所有刺激上的反应时情况(M±SD,单位 ms)

词语类型	正常组	状态焦虑组
负性情绪词	327.26±46.6	310.35±37.69
中性词	327.60±47.04	318.15±39.45

对反应时进行两因素重复测量方差分析,结果表明:词语类型的主效应显著,$F(1,46)=4.884$,$p<0.05$;被试类型的主效应不显著,$F(1,46)=1.031$,$p>0.05$;词语类型与被试类型交互作用显著,$F(1,46)=4.103$,$p<0.05$。进一步进行分析发现,正常组在负性词条件下的反应时(327.26±46.6)和中性词条件下的反应时(327.60±47.04)差异不显著,$p=0.898$;而状态焦虑组在负性词条件下的反应时(310.35±37.69)显著短于中性词条件下的反应时(318.15±39.45),$p=0.001$。

2.3 线索—靶子任务结果

实验数据筛选同点探测任务。最后得到 42 名被试的有效数据,结果如表 3 所示。

表 3 正常组、状态焦虑组在不同线索和词语类型下的反应时情况(M±SD)

被试类型	有效负性	有效中性	无效负性	无效中性
状态焦虑组	331.5±42.77	334.37±41.85	347.61±46.65	338.0±41.76
正常组	339.0±47.51	332.66±45.69	326.42±39.86	336.3±40.02

对 42 名被试的反应时进行重复测量方差分析,结果表明,词语类型主效应不显著,$F(1,40)=0.295$,$p>0.05$;线索类型主效应不显著,$F(1,40)=0.282$,$p>0.05$;被试类型主效应差异不显著,$F(1,40)=0.119$,$p>0.05$。线索类型、词语类型、被试类型三者交互作用显著,$F(1,39)=47.478$,$p<0.05$。进一步分析发现:正常组在负性词有效线索上的反应时($339.02±47.51$)长于负性词无效线索上的反应时($326.42±39.86$),状态焦虑组在负性词有效线索上的反应时($331.51±42.77$)短于负性词无效线索的反应时($347.61±46.65$)。

3 讨论

3.1 正常大学生对情绪刺激的注意偏向特点

实验一对正常个体和状态焦虑个体的注意偏向特点进行了探讨。结果显示,正常组被试对负性情绪词和中性词的反应时无差异,表明正常个体不存在对负性情绪刺激的注意偏向。这和 Williams 等人的研究结果一致[5]。但有研究表明,与焦虑者比较,正常人对正情绪信息或中性信息有更多的注意偏向,而焦虑者对负情绪信息有更多的注意偏向[11]。这与本实验研究结果存在差异,可能是由实验材料的差异造成的,以往的实验中大都选用负性情绪词,中性情绪词和正性情绪词三类,被试在实验中需要将注意需要分散到三类词语上,而本实验的词语类型只采用了前两类,被试在实验中的注意广度小,从而会导致一定的差异。

3.2 状态焦虑大学生对情绪刺激的注意偏向特点

实验一采用点探测任务探讨了状态焦虑个体对负性情绪刺激的注意偏向特点。点探测任务可以测查被试的注意资源空间分配特点[12]。此任务的原理是,如果被试的注意在某视觉区域里,则被试对该区域或该区域附近的探测刺激反应快,而对远离该区域的探测刺激反应慢[13]。所以,若状态焦虑的个体对负性刺激有注意偏向,那么这些个体对负性情绪词附近刺激的反应会快于对中性词附近刺激的反应。从实验一的结果可以看出,相对于正常组被试,状态焦虑组被试的反应时短,并且状态焦虑组被试在负性情绪词条件下的反应显著快于中性词条件下的反应。这表明,负性情绪词很快捕获了状态焦虑被试的注意,状态焦虑个体对负性刺激出现了注意偏向,这种注意偏向特点是一种注意警觉。

以往许多研究发现,与中性刺激相比,注意会更快更多地被情绪刺激引起,情绪刺激在认知加工上具有优先权[14]。研究者在注意相关的实验中发现,与中性刺激相比,情绪刺激更能吸引被试注意或占用被试的注意资源且引起注意偏向[4,15]。在有关焦虑障碍患者的注意偏向研究中,研究者采用不同的实验范式,并针对不同焦虑障碍类型的病人进行研究,得出了基本一致的结论:高焦虑的个体(尤其在他们有压力的情况下),更倾向于注意负性刺激[16]。这与本实验的研究结果较为一致。

3.3 状态焦虑大学生对情绪刺激的注意偏向机制

注意偏向是个体面对不同的刺激所体现出来的注意分配,它包括注意投入、注意解除困难和注意规避三种成分[14]。实验二的结果显示:正常组被试在负性有效线索下的反应时长于负性无效线索下的反应时,而状态焦虑组被试在负性有效线索下的反应时短于负性无效线索下的反应时。这一结果表明相对于正常个体,状态焦虑个体更多地将注意锁定并维持于负性情绪信息上,注意不易转移,难以摆脱,Fox4 等研究者采用"点探测"的实验范式,得出高状态焦虑人群较难将注意从威胁性刺激中脱离的结果[17]。这与本实验研究基本一致。综合两个实验的结果,状态焦虑组被试的注意更容易被负性情绪信息捕获,而且一旦状态焦虑个体的注意被负性刺激捕获后,其注意也更容易维持在负性情绪刺激上,不易解除。这说明状态焦虑个体对负性情绪刺激的注意偏向是由注意捕获和注意解除困难共同引发的。

4 未来研究方向

情绪有正性和负性之分,本研究仅考察了状态焦虑大学生对负性情绪词的注意偏向,未来研究可以进一步探索状态焦虑个体对正性和负性情绪刺激的注意是否存在差异。另外,在研究方法上,本研究通过减法运算的方式诱发大学生的状态焦虑,以情绪词作为载体考察状态焦虑大学生对情绪信息的注意特点,未来研究可以通过更加丰富和有效的方式诱发被试的状态焦虑,采用情绪图片等材料,借助 ERPs 等手段考察不同年龄段状态焦虑个体对情绪信息的注意特点和机制。

参考文献

[1] 白学军,贾丽萍,王敬欣. 特质焦虑个体在高难度 Stroop 任务下的情绪启动效应[J]. 心理科学,2016,(1):8-12.

[2] 高鹏程,黄敏儿. 高焦虑特质的注意偏向的特点[J]. 心理学报,2008,40(3):307-318.

[3] 杨智辉,王建平. 广泛性焦虑个体的注意偏向[J]. 心理学报,2011,43(2):164-174.

[4] 彭晓哲,周晓林. 情绪信息与注意偏向[J]. 心理科学进展,2005,13(4):488-496.

[5] Williams JMG,Watts F,Macleod C,Mathews A. Cognitive psychology and emotional disorders[J]. Second Edition. John Willey & Sons,2001,106-133.

[6] Fox E,Lester V,Russo R. Facial expressions of emotion:are angry faces detected more efficiently? [J]. Cognition and Emotion,2002,14:61-92.

[7] Amir N & Elias J. Allocation of attention to threat in social phobia:difficulty in disengaging from task irrelevant cues[J]. Personality and individual differences,2003,36:1957-1967.

[8] Compton R J. Ability to disengaging attention predicts negative affect[J].

Cognition and Emotion，2000，14：401-415.

[9] 李文利，钱铭怡. 状态特质焦虑量表中国大学生常模修订[J].北京大学学报(自然科学版)，1995，31(1)：108-112.

[10] 王一牛，周立明，罗跃嘉. 汉语情感词系统的初步编制及评定[J]. 中国心理卫生杂志，2008，8：608-612.

[11] Mathews A，MacLeod C. Cognitive approaches to emotional disorders[J]. Annual Review of Psychology，1994，45：25-50.

[12] Posner M I. Orienting of attention[J]. Quarterly Journal of Experimental Psychology，1980，32：3-25.

[13] 柳春香，黄希庭. 特质焦虑大学生注意向的实验研究[J].心理科学，2008，31(6)：1304-1307.

[14] 白学军，贾丽萍，王敬欣. 抑制范式下的情绪注意偏向[J].心理科学进展，2013，21(5)：785-791.

[15] Lang PJ. The emotion probe：Studies of motivation and attention[J]. American Psychologist，1995，50(5)：372-385.

[16] 刘兴华，钱铭怡. 焦虑个体对威胁性信息的注意偏向[J].中国心理卫生杂志，2005，19(5)：337-339.

[17] Fox E，Russo R，Bowles R，Dutton K. Do threatening stimuli draw or hold visual attention in sub-clinical anxiety? [J]. Journal of Experimental Psychology：General，2001，13：681-700.

1.3 注意抑制

注意包括对当前目标的选择和对无关信息的抑制，目标选择过程中包括对无关信息进行抑制的过程(Neill，1977；Tipper，1985)，抑制的一个基本作用就是通过阻止无关信息进入注意或工作记忆来减少其对行为的干扰(Hasher et al.，1999)，在多种抑制现象中，返回抑制(inhibition of return，IOR)备受关注。

1.3.1 返回抑制

Posner 与 Cohen (1984)在研究视觉空间注意内部转移过程时发现,以突然变亮或变暗为线索对空间中的某一位置进行线索化,会使被试对紧接着出现在该位置上的靶刺激的反应加快,他们称这种现象为易化。然而,如果从线索开始呈现到靶子呈现的时间间隔(stimulus onset asynehrony,简称 SOA)超过 300 ms,这种易化就会被抑制所代替,即被试对线索化位置靶子反应的速度反而会慢于非线索化位置。Posner 与 Cohen 将这种现象称为返回抑制(inhibition of return,简称 IOR)。他们认为 IOR 的存在使得人们对新位置上目标的加工更加容易,反映了人类认知加工的灵活性和适应性。

自从 Posner 等(1984)发现 IOR 以来,研究者们围绕 IOR 的实验范式(Birmingham & Pratt, 2005; Dodd, Castel, & Part, 2003;)、容量(Danziger, Kingstone, & Snyder, 1998; Snyder & Kingstone, 2001;衣琳琳,苏彦捷,王甦,2004)、影响因素(钞秋玲,白学军,沈德立,徐富明,2007;邓晓红,张德玄,黄诗雪,袁雯,周晓林,2010;张明,张阳,付佳,2007)以及特定人群的 IOR(Butcher, Kalverboer, & Geuze, 1999;戴琴,冯正直,2009)等问题展开了一系列研究,并取得了相当丰硕的研究成果,也一致认为 IOR 是人类的一种适应机制。

1.3.2 返回抑制的实验范式

自返回抑制发现至今,对其研究大都是在固定的实验范式下进行的,返回抑制的研究范式基本可以归纳为两种,即线索—靶子范式(cue-target paradigm)和靶子—靶子范式(target-

target paradigm)。其中线索—靶子范式在 IOR 研究中应用得较多(张明,刘宁,2007)。

线索—靶子范式一般是先线索化某一外周位置,然后要求被试对随后呈现的靶子做出反应。随着研究的不断深入,从这种研究范式出发,根据线索化方式的不同而延伸出了许多不同的方法,比如单一线索(single-cuing)、多线索(multiple-cuing)和同时多线索(multiple-simultaneous-cuing)等研究范式。

经典 IOR 实验所使用的只在外周某一位置呈现一个线索的方法称为单一线索法。Posner 和 Cohen (1984)的实验被看作经典 IOR 实验,其实验过程如图 1-2 所示,实验过程中被试会看到在电脑屏幕上呈现的水平排列的三个方框,要求被试的眼睛始终盯住中间的方框,然后左边或者右边的方框会突然变亮,最后目标会出现在线索化的外周小框内或非线索化的外周小框内或中间小框内,要求被试在觉察到目标时尽快做出按键反应。

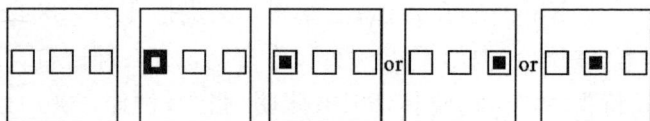

图 1-2   经典返回抑制实验流程图

多线索法是指在目标刺激出现之前,先后线索化多个位置(Birmingham,Pratt,2005),如图 1-3 所示。在进行 IOR 容量研究时多采用多线索法。较早使用多线索法对 IOR 进行实验研究的是 Pratt 和 Abrams (1995)。他们在呈现目标刺激之前实施了两次线索化。继 Pratt 和 Abrams 使用两次线索化方法之后,Tipper 等人(1996)在研究中采用了连续三次线索化的方法。自此之后，多线索法被大量采用（Dodd，Castel，& Pratt，2003；Horowitz & Wolfe，2001）。其中Dodd等人的研究颇具代表性,他们在实验中一共实施了5次线索化,前一个线索消失的同时后一个线索在另一个外周位置出现。Birmingham 和 Pratt（2005）在改变线索呈现方式的情况下也利用5次线索化的方法进行了实验研究,他们发现：5次线索化时仍然有 IOR 出现,而且在较晚被线索化的位置上的 IOR 量要比在较早被线索化的位置上的大。

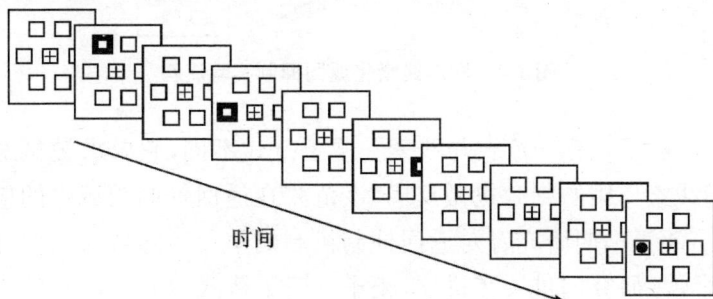

图 1-3　多线索返回抑制实验流程图

　　同时多线索化方法是指在线索化过程中多个线索同时呈现,如图 1-4 所示。Posner 和 Cohen 在 1984 年的研究中就使用了同时对左右两个外周位置进行线索化的方法,但是该方法作为一种典型的实验范式始于 Wright 和 Richard（1996）的研究。他们为了考察眼动在返回抑制现象中所起的作用而采用了同时多线索化的方法。实验逻辑是,如果返回抑制现象的出现必须要有眼动或者眼动准备的话,那么当同时线索化多个外周位置时,就不可能在这些位置上都观察到返回抑制现象。在实验中他们同时线索化 8 个外周位置中的 1 个或 2

个或 3 个或 4 个位置。结果发现在同时线索化的位置上都出现了 IOR,并且 IOR 量没有差别。

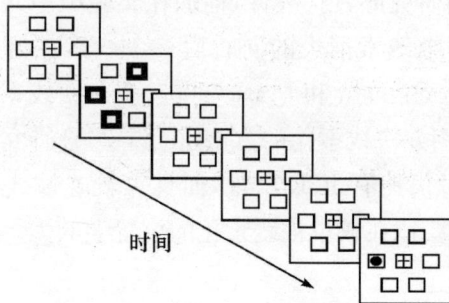

图 1-4　同时线索化返回抑制实验流程

靶子—靶子范式与线索—靶子范式不同,它要求被试对起线索作用的刺激也做反应,该范式在返回抑制领域中的应用,源于早期研究者对返回抑制机制的争论。随着对返回抑制现象研究的进一步进展,靶子—靶子范式得到了广泛的应用。值得一提的是它在跨通道研究中的应用。研究者们利用靶子—靶子范式发现,不管是要求被试了觉察任务还是辨别任务,都观察到了返回抑制现象的存在。

Spence 和 Driver (1998)利用靶子—靶子范式进行了跨视觉、听觉通道的实验研究。实验中要求被试做觉察反应,靶子的呈现方式是视觉还是听觉是不确定的。他们观察到,当靶子的呈现方式不确定时,能够检测到 IOR 的存在。Spence 等人(2000)利用靶子—靶子范式对视觉、听觉、触觉三种感觉道进行 9 种匹配,也都检测到觉察任务中 IOR 的存在。Roggeveen (2005)首次将靶子—靶子范式应用于辨别任务和跨通道刺激相结合的研究中。要求被试的眼睛在整个实验过程中都集中注视中间的注视点。每次测试开始,先呈现一个乐音(高音或低音)或光刺激(红或绿)70 ms。如果这个刺激呈现在外周,那么就要求被试对其进行辨别按键反应,红光或低音按右键,绿光或高音按左键;如果刺激在中间呈现那么不要求做反应。200 ms 之后对中心注视点进行线索化,一段时间后,下一个刺激出现。他们发现即使是跨通道呈现刺激,返回抑制现象仍然存在,也进一步证明了返回抑制作为一种普遍的注意现象超越感觉通道而存在。

1.3.3 返回抑制容量的研究

一般情况下,在视觉搜索任务中注意是需要指向多个空间位置才能够完成搜索任务的。既然返回抑制的存在被认为能够提高视觉搜索的效率,那么人们对已经搜索过但没有发现目标的位置就都应该具有抑制效应。但是,由于工作记忆容量的有限性,人们不能把所有搜索过的位置都打上抑制的标签,即抑制量是有限的。那么这个抑制量到底有多大呢,返回抑制的容量问题就是研究抑制效应最多可以发生在多少个已经注意过的位置上。

返回抑制容量体现了抑制功能的灵活性和适应性。自 20 世纪 90 年代以来,返回抑制的容量问题引起了研究者们的深入探讨。Pratt 和 Abram 早在 1995 年就系统地探讨了返回抑制的容量问题。此后,研究者们围绕该问题进行了广泛研究。

Pratt 和 Abram(1995)的研究中共有两个外周位置,线索可以先后呈现在同一个位置或者两个不同的位置,他们发现,返回抑制只是发生在了最后一个被线索化的位置上。因此他们认为,返回抑制只能出现在最近被线索化的位置上而不能在多个位置上同时出现,也就是说,返回抑制对提高视觉搜索的效率的作用不大。但是 Tipper 等人(1996)很快就对 Pratt 等人的结论提出了质疑,他们指出,Pratt 和 Abram 实验中的靶子只可能出现在两个位置上,但灵活的生理系统可能不需要同时对两个位置同时进行抑制。所以在 Tipper 等人在实验中将靶子可能出现的位置增加到 4 个,而且在每次试验中先后对 3 个位置进行线索化,结果他们在 3 个线索化过的位置上都观察到了返回抑制现象。因此他们认为返回抑制的容量至少为 3 个,即返回抑制对提高视觉搜索的效率是大有作用的。

Danziger 等人(1998)在研究中指出先前的研究中被试对靶子的出现都是有预期的,即都是在固定次数的线索化之后呈现靶子,而返回抑制的产生的必要条件是注意被线索吸引然后从线索化位置离开,但是在被试对靶子有预期之后就可能只注意最后一次线索。可能正是这个原因导致了 Pratt 和 Abram 在实验中只是在最后线索化的位置观察到了返回抑制。为了让被试对每次的线索都予以注意即消除靶子的可预测性,Danziger 等人在实验中随机呈现线索化 0 次、1 次、2 次、3 次的试验,并取消了对注视点的线索化。结果在每个线索化位置都观察到了返回抑制。因此他们认为,只要保证被试对每个线索都予以注意,就可以在多个位置同时观察到返回抑制。他们的观点得到了 Snyder 和 Kingstone(2001)的支持。进一步证实了多位置返回抑制产生的必要条件是被试对所有的线索都予以注意,只在注意必须指向所有线索化位置时产生。

与先后呈现线索不同,Wright 和 Richard(1996)在实验中将线索同时呈现,他们随机选取8个外周位置中的4个进行同时线索化,结果在4个线索化位置上都观察到了返回抑制的存在。因此他们认为,在同时线索化条件下,返回抑制的容量至少为4个。但是他们的实验任务较简单,由此得到的返回抑制容量至少为4个的结论在需要更多注意资源的较复杂的任务中是否适用呢?衣琳琳等人(2004)对8岁和10岁儿童在同时线索化条件下的返回抑制的容量进行了研究。他们也设置了8个可能的位置,线索化其中的1个、2个、3个、4个和5个,并要求被试做了觉察和辨别两种实验任务。结果发现:在觉察任务中,两组儿童都是最多能在5个线索化位置上观察到返回抑制;但是在辨别任务中,8岁儿童组在所有条件下都没有观察到返回抑制,而10岁儿童组仅在线索化1个位置时观察到了返回抑制。可见,在同时线索化条件下,年龄因素和任务难度可以影响到返回抑制的容量。

1.3.4 返回抑制机制的研究

随着研究的深入,越来越多的研究者开始关注返回抑制的产生机制。许多学者从他们各自的实验结果出发提出了不同的观点。其中提倡注意抑制说的学者们认为返回抑制是由于注意受到抑制而引起的(Abrams & Dobkin, 1984; Gibson & Egeth, 1994; Maylor & Hockey, 1985);而提倡反应抑制说的学者们则认为返回抑制中不存在注意或知觉对线索化位置的抑制,它仅仅是由与反应有关的抑制导致的(Klein & Schmidt, 1998; Schmidt, 1996);也有研究者认为返回抑制的产生即不是来源于注意相关的抑制也不是源于反应相关的抑制,而是源于激活的知觉表征与反应的某种性质的联系(王甦,陈素芬,2000)。

IOR 的注意抑制说由 Posner 等(1985)提出,认为 IOR 是由选择性注意过程对先前曾注意过的位置的抑制引起的。具体地说,在 IOR 的产生过程中,注意首先被自动地吸引到线索化位置,在短的 SOA 情况下,对线索化位置的反应会比对非线索化位置的反应快。但是如果间隔一段时间之后,在线索化位置没有出现目标,注意就会从线索化位置转移到其他位置,从而对线索化位置形成了抑制,因此当目标出现在线索化位置时对其加工就会变慢。后继的一些研究支持了 IOR 的注意抑制说,他们大都从操控影响注意的因素入手来观察 IOR 的变化,如果 IOR 随影响注意的因素变化,那么就认为 IOR 是一种和注意相关的抑制。比如,Maylor (1985)在从线索呈现至被试对靶子做出反应的整个过程中一直呈现分心作业,她发现与无分心作业的条件相比,返回抑制在简单分心作业条件下不变或减小,在复杂分心作业条件下则消失了。因此她认为由于复杂分心作业消耗了较多的注意资源导致返回抑制消失,即返回抑制是一个与注意相关的抑制。钞秋玲,白学军等(2007)在固定的 SOA 情况下,通过变化外周线索化和中心线索化的比例来控制注意的转移,观察在不同情况下返回抑制的差异。结果发现,返回抑制在外周线索化时间长于中心线索化时间的条件下比其他条件下大。他们认为是注意资源的不同分配影响了返回抑制,因此他们推论返回抑制可能是注意抑制。

Pratt 等(1999)发现返回抑制量随靶子可能出现的位置的增加而有所下降,但是被试对线索化位置和与线索化位置正对的非线索化位置的反应时并没有变化,返回抑制量的减小是由于被试对两侧的非线索化位置的反应变慢了。他们认为这可以用"注意动量(attentional momentum)说"来解释,即可以将返回抑制看作一个注意重新定向的过程。在返回抑制的范式下,如果注意首先从中间的注视点移动到外周被线索化的位置上,然后又向右移动到中央线索化的位置,此时如果靶子出现在中间注视点右侧的非线索化位置,即处于注意向右移动的通道上,被试就会较快地对靶子做出反应;反之,如果靶子出现在中间注视点的左侧,即线索化过的位置上,由于此时被试需要将注意从向右运动转为向左运动,所以反应就会减慢,从而就产生了返回抑制。他们认为,返回抑制是由于注意对其通道上位置的定向与偏离此通道上位置的定向的差异而造成的。他们通过在中央线索化后在其左侧或右侧增加第二注视点的方法来操纵注意运动的方向,实验结果也有利地支持了他们所提出的"注意动量说"。但是"注意动量说"遭到了 Snyder 等人(2001)的质疑,他们认为"注意动量"说并不能有效地解释返回抑制的本质,通过对比 Pratt 等人和自己的实验结果,他们发现,相对于线索化位置,对非线索化位置反应更快的现象只是出现在少数被试身上,而且并不稳定,此外,"注意动量"说也不能对返回抑制可以发生在多个被连续线索化的位置上做出有力的解释。而罗琬华等(2003)通过观察返回抑制过程中所对应的 ERPs 的变化提出返回抑制是由注意动量流的惯性引起的。Prime 等(2006)通过 ERPs 实验也证明了返回抑制是源于注意的抑制。虽然上述研究也有不太一致的地方,但他们都认为,返回抑制是源于与注意有关的抑制。

与注意抑制不同,也有许多学者提出 IOR 是由与反应相关过程(反应选择、反应执行)的抑制引起的(Godijn &

Theeuwes, 2002；Klein & Talyor, 1994；Talyor & Klein, 1998；Tassinari et al., 1987)。例如,很多研究者认为 IOR 的机制与眼动系统存在密切的联系(Dorris, Klein, Everling, & Munoz, 2002；Posner et al., 1985；Ro, Farnè, & Chang, 2002),其中上丘(superior colliculus)在 IOR 中起着重要的作用(Sapir, Sorker, Berger, & Henik, 1999)。Ro, Pratt 和 Rafal (2000)通过使用眼动技术对 IOR 进行了考察,要求被试对目标做眼跳反应,发现被试在线索化位置的眼跳潜伏期更长,证实了 IOR 对眼跳计划和眼跳潜伏期都有影响。同时也有研究发现当要求被试做手动反应时,眼动系统的抑制也可引起 IOR (Talyor & Klein, 2000；Tassinari et al., 1987)。眼动系统的抑制与 IOR 可能通过位于顶后皮层的运动执行控制系统的抑制过程而发生作用(Godijin & Theeuwes, 2002)。与此一致,Klein 和 Taylor (1994)提出 IOR 是由对出现在先前注意过的位置上目标的"不情愿反应"引起的,是由运动执行系统引发的。而 Ivanoff 和 Klein (2001)发现在 Go/No-go 任务中,被试在有效线索(即 IOR 条件)下 No-go 的错误率要比无效线索下 No-go 的错误率高,这一结果表明 IOR 可能是由于对有效线索下的反应标准更保守引起的。Prime 和 Jolicoeur (2009)也发现在 Go/No-go 任务中对无效线索位置的反应偏向会影响到 IOR。以上研究结果认为,与反应有关的抑制可以发生在多个阶段,IOR 可能是由于反应处理或执行过程受到抑制引起的,也可能是由于反应选择和反应发起过程受到抑制而引起。虽然就 IOR 发生在反应的哪个阶段还没有达成一致的意见,但是这些研究者们都认为 IOR 是和反应相关的一种抑制。Taylor (2008)利用面孔作为目标刺激对

IOR进行了研究,结果发现当要求被试对面孔做出辨别反应时,被试对面孔和非面孔的IOR量出现了差异。由此,他们也认为IOR是与反应有关的抑制而非注意的抑制。王丽丽、邱江等(2008)采用事件相关电位(ERPs)技术探讨了辨别任务中返回抑制的脑内时程变化,也认为返回抑制至少在一定程度上来源于与反应相关的抑制,支持返回抑制的反应抑制说。

返回抑制的反应抑制说还得到知觉优先现象的支持,例如,李晓轩、王甦(1999)在研究中采用时序判断的方法对不同注意定向下的返回抑制的知觉优先现象进行了两个实验。实验1利用连续线索化的方法,发现知觉优先在注意从线索化位置移开之后仍然存在;实验2在注意分配条件下同时呈现两个线索,也发现了知觉优先现象。因此他们认为返回抑制的知觉优先现象不是在特定的注意定向条件下才会出现,而是具有很大的普遍性,从而进一步支持了返回抑制的反应性观点。

当前,关于返回抑制的注意抑制说和反应抑制说都有各自的实验证据,它们又都不能证伪对方的观点。王甦、陈素芬(2000)从一个新的角度出发,提出返回抑制可能源于激活的知觉表征和反应的某种联系,将注意和知觉表征联系在一起,是个新的尝试。他们在双作业任务下利用线索—靶子范式进行了两个实验。实验1和实验2分别利用简单分心刺激和复杂分心刺激,两个实验均在线索呈现阶段和/或靶子呈现阶段安排分心任务。结果发现,在简单分心任务条件下,返回抑制的量有所减小,但仍然存在,在复杂分心任务条件下,返回抑制则完全消失;无论分心任务如何,线索呈现阶段和/或靶子呈现阶段的注意分散对返回抑制的影响是没有差别的。作者认为,他们的实验结果即不支持返回抑制的注意抑制说,也不支持返回抑制的反应抑制说,他们提出要从激活的靶子的知觉表征和反应的联系中来看待返回抑制的机制。

1.3.5　特定人群返回抑制的研究

返回抑制有利于机体进行视觉搜索以适应外界环境,是人类在长期的进化过程中形成的一个适应机制。研究者们不但对其本身的特点进行研究,也着手研究它在个体身上是如何发生发展的以及在不同的被试群体中具有什么样的异同。

Butcher 等(1999)以 16 名婴儿为被试做了一项返回抑制的纵向研究,这些婴儿从出生第 6 周开始,每隔 2 周进行一次返回抑制的实验,共进行了 9 次实验。结果发现,6 周时,婴儿对线索化位置出现了易化效应,即表现为更快更频繁地看向线索化位置;在第 16 周时,婴儿则对非线索化位置看得更加频繁;到了第 18 周,婴儿已经可以更快地看向非线索化位置,这种现象在此之后逐渐稳定,即在 18 周婴儿的身上已经可以稳定的产生返回抑制现象了。McCrae 等(2001)以老年人和年轻人为组间变量,分别比较了他们在基于位置和基于客体的返回抑制上的差别。结果发现,在基于客体的返回抑制上,年轻人的返回抑制量较小,而老年人则出现了显著的易化效应。因此他们认为,老年人和年轻人基于客体的脑机制可能是不同的。但是也有可能老年人只是需要更长的 SOA 才可产生返回抑制,他们接着在同样的实验程序基础上操纵 SOA 的长短,设定 SOA 分别为 33 ms、733 ms、2 033 ms 和 3 533 ms。结果发现,随 SOA 的加长,在老年人被试上仍然没有观察到返回抑制现象。从而证实了老年人基于客体的抑制能力的下降。

在以特殊被试为研究对象的研究中,Fuentes 等(1999)比较了精神分裂症患者和正常人在返回抑制上的差别,结果在两组被试身上都观察到了返回抑制,且两组被试的返回抑制的量没有差异。同年,Fuentes 比较了精神分裂症患者和正常人在语义抑制上的差别,发现正常被试在左右视野均出现了语义的返回抑制效应,且无差异,但是精神分裂症患者在左视野出现了和正常人一样的语义抑制现象,在右视野却出现了语义启动效应。这表明精神分裂症患者与注意控制有关的左半球可能受到了损伤。Larrison-Faucher 等(2002)也比较了精神分裂症患者和正常人在返回抑制上的区别,他们操纵 SOA 的水平,结果发现正常人在 300 ms 左右就可出现返回抑制,而在精神分裂症患者被试身上,当 SOA 达到 500 ms 时才可观察到返回抑制。即精神分裂症患者需要更长的时间才可出现返回抑制。

戴琴、冯正直(2009)则以抑郁症被试为研究对象,进行了返回抑制的研究。实验中将被试分为抑郁患者组、抑郁康复组和正常对照组,以情绪面孔为刺激材料,操纵 SOA 的不同水平进行实验。结果发现,当 SOA 为 14 ms 时,抑郁患者组对愤怒、悲伤和中性面孔存在返回抑制;抑郁康复组对所有面孔都具有返回抑制效应;而正常对照组仅对中性面孔具有返回抑制效应。当 SOA 为 250 ms 时,三组被试在悲伤面孔上均存在返回抑制,以抑郁患者组最明显;抑郁康复组对高兴面孔的返回抑制能力不足。当 SOA 为 750 ms 时,抑郁患者组在愤怒面孔上具有返回抑制,但对悲伤面孔的返回抑制能力不足;抑郁康复组对高兴和悲伤面孔均存在返回抑制能力不足;而正常被试组只对悲伤面孔存在返回抑制。因此他们认为,正是抑郁患者对负性刺激的抑制能力不足导致他们难以抗拒负性事件的困扰,因此他们会更多地体验到抑郁情绪,并使这种情绪得以持续和不断发展。但处于抑郁康复状态的个体在高兴和悲伤面孔上的抑制能力都不足,这就使他们能够同时体验到正性和负性刺激,从而保持认知情绪上的一种平衡。

1.3.6 返回抑制的 ERP 研究

事件相关电位(event-related potentials,ERPs)技术直接反映了神经的电活动,具有实时性和无创性的特点,它将刺激事件、心理反应和脑电活动有机地联系起来,正是 ERPs 的这一特点,越来越多的心理学家利用这一技术对一系列的心理学现象进行了更为深入和直接的研究,它对深入研究返回抑制也很有意义。近年来,随着 ERPs 技术的不断成熟,应用 ERPs 技术对返回抑制所做的研究也越来越多。

McDonald(1999)等利用 ERPs 技术对返回抑制进行了实验研究,他们操纵 SOA 的不同水平,结果发现,SOA 为 500～700 ms 时,线索有效性的效应在 ERPs 波形上最早表现为潜伏期为 120～200 ms 的晚成分加工负波(Posterior ND),从总的平均波形上看,有效线索条件下的波幅要比无效线索条件下的波幅小;当 SOA 为 900～1 100 ms 时,线索有效性的效应在 ERPs 上最早表现为 P1 成分的波幅在有效线索条件下小于无效条件下,但是线索有效性并没有影响到 N1 和 P2 成分。从总的实验结果来看,潜伏期为 300～420 ms 内的 P3 波幅在有效线索条件下大于无效条件下。Richards(2001)则记录了 20 周大的婴儿在返回抑制实验中的 ERPs 的变化,结果发现,当潜伏期为 50 ms 时,由对线索化位置上的靶刺激进行快速扫视所引起的额叶皮层的 ERPs 波形最大,而当潜伏期为 300 ms 时,不管靶刺激出现与否,由对线索化位置进行的快速扫描所引起的 ERPs 波形最大。因此他们认为,这个年龄段婴儿已经产生了快速扫视准备,并且这一过程是由皮层系统控制的。

研究者们利用 ERPs 技术对返回抑制的机制问题也进行了探索。McDonald、Ward 和 Kiehl(1999)发现在 IOR 中,有效线索/无效线索下的 P1、Nd 波幅以及 P2 的潜伏期都有不同,由此他们认为 IOR 的产生是由于对知觉的压抑造成的,这一过程发生于纹状体。Chica 和 Lupiáñez(2009)也发现 IOR 中有效线索下的 P1 波幅明显更小。然而 Hopfinger 和 Mangum(1998)发现即使在没有 IOR 出现的情况下,也有显著的 P1 效应;相反,他们在 2001 年的研究中虽然检测到了 IOR 的存在,却并没有发现 P1 效应,因此他们认为 IOR 和 P1 是无关的。罗琬华等(2003)对与 IOR 对应的 ERPs 变化进行了实验研究,结果发现出现 IOR 效应时,枕部电极有效线索的 P1 幅值小于无效线索的 P1 幅值,而 N1 幅值却变大,由此提出了 IOR 是由注意动量流的惯性引起的观点,其中 P1 表示对注意动量流惯性的促进,而 N1 则表示对注意动量流惯性的抑制,即可改变注意动量流惯性的方向。Prime(2006)也利用 ERPs 技术对 IOR 进行了实验研究,他们同时比较了早期的 P1、N1 成分以及与刺激锁定的 LRP(单侧化运动准备电位)和与反应锁定的 LRP 在有效线索、无效线索下的差别。结果发现:与反应锁定的 LRP(单侧化运动准备电位)在有效、无效条件下的潜伏期没有差异,而与刺激锁定的 LRP 在有效、无效条件下的潜伏期有显著差异,表现为无效条件下的潜伏期要短。并且无效条件下的 N1 比有效条件下的 N1 的波幅要大，证明了 IOR 是与反应无关的抑制。McDonald、Hickey、Green 和 Whitman 等人（2009）发现 IOR 中有效线索条件下 N2pc 的波幅小于无效线索，由此他们认为，IOR 可降低注意转移到先前注意过位置上的可能性，即 IOR 是与注意相关的抑制。但是 Meinke 等人（2006）的研究发现有效线索、无效线索条件下的 P1、N1 没有差别，但是在头皮前部的晚期成分上，两种条件出现了差别，由此他们认为 IOR 不是由感觉过程的变化引起的，而是由对目标的晚期加工过程导致的。Pastötter、Hanslmayr 和 Bäuml（2008）分析了 IOR 中 ERD 和 ERS 的变化，发现 IOR 导致了在目标—目标范式下 ERS 的增大和在线索—目标范式下 ERD 的减小，由此他们认为反应抑制在 IOR 中扮演了重要的角色。王丽丽、邱江等（2008）同样采用 ERPs 技术探讨了辨别任务中 IOR 的脑内时程变化，结果发现：与非线索化条件相比，线索化条件下，P1 波幅没有变化，N1 波幅明显减小。他们认为 N1 波幅的变化可能与辨别任务有关，而且 IOR 至少在一定程度上来源于与反应相关的抑制，支持 IOR 的反应抑制说。但是 Tian 和 Yao（2008）探讨了 Go/No-go 任务中 P1、N1、N2、P3 的变化，结果不仅发现了 P1、N1 的变化，同时也发现 N2 在有效线索下出现的更早且波幅更小，P3 在有效线索下出现的更晚且波幅更大，因此他们认为 IOR 是由感觉过程的抑制和反应过程的抑制共同引起的。

目前一般认为，返回抑制是一种非常普遍的抑制现象，它有助于注意脱离先前的注意位置转向新的空间位置，提高了注意在视觉空间中搜索的效率，使得人们有充足的时间对环境中的变化做出反应，反映了人类对复杂环境的进化适应性，被认为和人类的进化密切相关。尽管研究者围绕返回抑制开展了一系列的研究，人们对返回抑制的认识也日趋丰富，但仍有许多问题仍需要做进一步的研究，比如，返回抑制的容量到底有多大，返回抑制究竟是一种注意抑制还是反应抑制，线索化位置到底存在知觉优先还是返回抑制，返回抑制主要受中脑调节还是皮层调节等。研究范式的改进和研究方法的改进都会推动返回抑制研究进入新的阶段。

2　情绪

　　人非草木，孰能无情？在生活中，人们经常能够体验到各种各样的情绪和情感。例如，生活中遇到志同道合的知己，我们会感到愉悦和欣喜；遭遇挫折和失败，我们会感到郁闷和痛苦；遇到不公平的事情，我们会感到气愤；看到别人的不幸遭遇，我们会感到同情和哀伤；看到可怕的事物，我们会感到恐惧。凡此总总，都是情绪的不同表现形式。情绪是人对客观事物的态度体验及相应的行为反应，是以个体的愿望和需要为中介的一种心理活动。从心理学角度看，情绪既是人的心理活动中动力机制的重要组成部分，也是个性形成的重要方面，与人类的适应和进化有密切的关系。

　　情绪是无时无刻不伴随我们的一种心理体验，是随人类进化而来的一种心理机能，是人对外界客观事物的内在体验。这种内在体验通过相应的外显行为反应表现出来，这些外显行为反应称为表情，它是对人们心理状态的一种表达。也就是说，情绪是由独特的生理唤醒、主观体验和外部表现等成分组成。在某种情绪状态下，人们体验到生理唤醒，这种生理唤醒和个体的需要、当时的状态共同决定个体在这一情绪下的体验，这种生理唤醒和主观体验会通过一定的外部表现——表情体现出来。情绪既是人的心理活动中动力机制的重要组成部分，也是个性形成的重要方面，与人类的适应和进化有着密切的关系。

那么究竟什么是情绪和情感呢？当代心理学家将情绪（emotion）界定为人对客观事物是否符合自己需要所产生的态度体验，是伴随认识活动而产生的心理过程。而情感（feeling）则是同人的社会性需要相联系的态度体验。情绪和情感是一种态度体验，"体验"是情绪和情感的基本特征。除体验之外，情绪和情感产生过程中还常常伴随着特定的生理唤醒和外部表现。例如，人们在愤怒时，除了主观体验之外，还会伴随脸红、血压升高、心跳加快等外部表现。因此，一般我们提到情绪和情感时，不仅指某种主观体验，还包括了生理唤醒、外部表现等成分。

情绪和情感有积极和消极之分，人对客观事物采取何种态度与该事物能否满足人的需要有关。一般来说，当人们遇到能满足自己需要的事物时，便会产生积极、肯定的情绪，如满意、愉快、喜爱、欣赏等；反之，当人们的需要无法得到满足时，就会产生消极、否定的情绪，如苦闷、悲伤、愤怒、憎恨等。

情绪和情感是同一类而不同层次的心理体验，它们既有区别，又有密切的联系。

情绪与情感的区别主要有三点。①情绪既可以与人的生理需要相联系，也可以与人的社会性需要相联系，是人和动物所共有的；情感则主要与人的社会性需要相联系，是在人类社会发展进程中形成的,为人类所特有。②情绪大都与具体的情境相联系,经常随情境的改变而改变,具有较强的情境性;而情感往往与特定的事物相联系,比较稳定和持久。例如,朋友之间有时也会发生争执,并且生气,但可能很快又会和好。这是因为生气只是一种短暂的情绪;而友谊则是一种比较稳定的情感。③情绪具有冲动性和外显性,常伴有明显的外部表现,如欣喜若狂,手舞足蹈,怒不可遏,暴跳如雷等;情感则比较内隐和深沉,常常以微妙的方式流露出来,其生理变化也不明显。

人类的情绪和情感虽有区别,但两者又是密不可分的。它们都是对需要是否得到满足所产生的体验,是同一类型的心理活动,情感的产生会伴有一定的情绪反应,情绪的变化又常常受情感的支配。在一定意义上可以认为,情绪是情感的外部表现,情感是情绪的本质内容。

2.1 情绪的维度和极性

情绪的维度是指可以从数量上加以衡量的情绪的固有属性。例如,任何一种情绪产生时,都伴有一定程度的紧张,因此紧张度可以看成情绪的一个维度。情绪的维度主要包括愉悦度、动力性、激动性、强度和紧张度等若干方面。每种情绪在一个特定的维度上都有两种对立状态,叫作情绪的极性。情绪和情感都表现出相互对立的两极。

情绪的愉悦度表现为"积极—消极"两极。各种情绪大都与人们肯定或否定的内心体验相联系。例如,满意、喜悦、快乐、热爱、崇敬等,是个体对于事物所持的肯定性的体验;而不满、痛苦、忧愁、悲哀、绝望、憎恨等，是个体对于事物所持的否定性的体验。由于客观事物的复杂性，有时个体可能同时体会到肯定和否定的情绪，从而使个体体验到悲喜交集的情绪。

情绪的动力性表现为"增力—减力"两极。一般说来，积极的情绪（如兴奋、喜悦）对个体的活动起"增力"作用，表现为使个体精神焕发、干劲倍增；消极的情绪（如悲哀、郁闷），对个体的活动起"减力"作用，表现为使个体精神不振、心灰意冷。

情绪的激动性有"激动—平静"两极。激动情绪常是强烈的、短暂的、爆发式的体验，如激愤、狂喜、绝望等，常在事件对个体具有重要意义或出乎意料、超出意志控制的情况下发生；平静的情绪是指一种平静安稳的情绪状态，它是保证人们正常的学习、工作和生活的基本条件。

情绪的强度有"强—弱"两极。如从愉快到狂喜，从微愠到狂怒等，在情绪的强弱之间还有不同的等级，如喜欢由弱到强划分为好感、喜欢、爱慕、热爱和酷爱。情绪的强度既与情绪事件对个体意义的大小有关，也与个体的目的和动机强度有关。

情绪的紧张度方面有"紧张—轻松"两极。情绪紧张的程度取决于任务的性质，如任务的紧迫性、重要性等；也决定于个体的心理状态，如个体对自身能力的估计和自身的调节能力。一般来说，一定程度的紧张有利于个体集中能量和资源；但过度的紧张有时候也会起抑制作用，导致精神疲惫。

现代生理学的研究发现，在动物和人的上丘脑、边缘系统及相邻部位存在主导积极情绪和消极情绪的"愉快中枢"和"痛苦中枢"，这为情绪的两极性提供了科学依据。在四个维度上，情绪的两极并不是互相排斥的，它们之间可以进行相互转化，如乐极生悲、破涕为笑、喜极而泣等就反映了情绪两极间的变化过程。

　　情绪的维度能够帮助我们理解情绪的性质,对情绪的度量也有一定的指导意义。人们对情绪的维度有着不同的看法,并在此基础上提出了多种理论。

　　早在1896年,冯特就提出了第一个情绪维度理论,他认为情绪可以从愉快—不愉快、兴奋—平静、紧张—松弛等三个维度加以度量。但这种理论逐渐被施洛伯格(Schloberg)和普拉切克(R. Plutchik)各自所提出的情绪三维论所取代。20世纪50年代,施洛伯格通过研究面部表情提出了情绪的三维理论,他认为情绪包含愉快—不愉快、注意—拒绝和激活水平3个维度,并建立了三维模式图(图1-5),3个不同水平的组合可以得到各种不同的情绪。20世纪60年代普拉切克提出了情绪立体模型(图1-6)。该模型由8个桔瓣体组成,其中每个桔瓣体代表一类基本情绪,如悲伤、愁闷和忧郁就属于同一类情绪。在这8类情绪中,最强烈的情绪位于桔瓣体的上部,越往下情绪强度越弱。例如,悲伤比愁闷强,愁闷比忧郁强。该模型还反映了各种情绪在性质上的关系:互为对顶角的桔瓣体所对应的情绪性质正好相反(如憎恨和接受);而空间上邻近的桔瓣体所对应的情绪性质相似(如恼怒和厌恶)。

　　20世纪70年代末,美国著名心理学家伊扎德(Izard)提出了情绪的四维理论,他用愉悦度、紧张度、激动度和确信度四个维量对情绪进行度量,其中愉悦度反映的是情绪是否符合主体的需要;紧张度反映情绪的生理激活水平;激动度反映某种刺激情境或情绪发生的突然性;确信度反映个体能够承受情绪影响的程度。

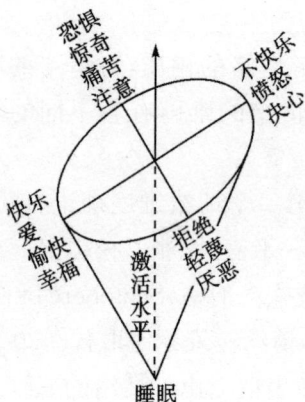

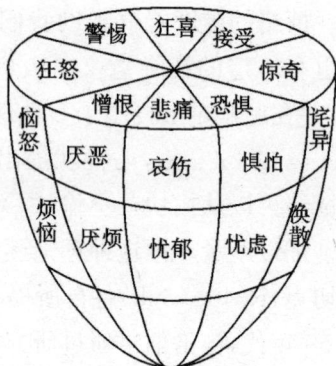

图 1-5　施洛伯格情绪三维模式图　图 1-6　普拉切克的情绪三维模式图
（资料来源：彭聃龄于 2004 年著的《普通心理学》）

2.2　情绪情感的种类

　　情绪和情感是复杂多样的，从古至今，人们对情绪和情感的种类提出了很多看法。例如，我国古代名著《礼记》中提出了喜、怒、哀、惧、爱、恶和欲的"七情"说。自科学心理学诞生以来，心理学家们对情绪的种类曾提出各种不同的看法，但至今还没有得到完全一致的认识。

　　按照情绪体验的复杂程度，人的情绪可分为基本情绪和复合情绪。基本情绪是人与动物所共有的、最基础、最原始的情绪，它们与基本生理需要相联系，每一种基本情绪都有其独特的主观体验和生理唤醒模式，并在生物进化和适应环境的过程中发挥着不同的作用。20 世纪 70 年代初，美国心理学家伊扎德利用因素分析技术提取出 11 种基本情绪，即兴趣、惊奇、痛苦、厌恶、愉快、愤怒、恐惧、悲伤、害羞、轻蔑和自罪感等。后来，美国心理学家 Ekman 在情绪反应的跨文化研究中发现,高兴、惊奇、生气、厌恶、恐惧、悲伤和轻蔑等7种表情在全世界的各种文化中的表达方式都基本相同。因此,也有学者认为这7种情绪是最基本的情绪类型。

复合情绪是由基本情绪的不同组合派生而来的。伊扎德认为复合情绪大致有三类,第一类是基本情绪间的混合,如兴趣—愉快、恐惧—害羞等;第二类是基本情绪与内驱力的结合,如疼痛—恐惧—怒等;第三类是基本情绪与认知的结合,如多疑—恐惧—内疚等。

现在比较流行的划分方式是罗素(Russell)在20世纪80年代提出的环形模式(图1-7),他从情绪维度的理论出发,利用愉悦度和强度这两个独立维度为坐标轴,得到了四组情绪类型,即愉快—高强度的高兴型,愉快—中强度的轻松型,不愉快—中强度的厌烦型和不愉快—高强度的惊恐型。

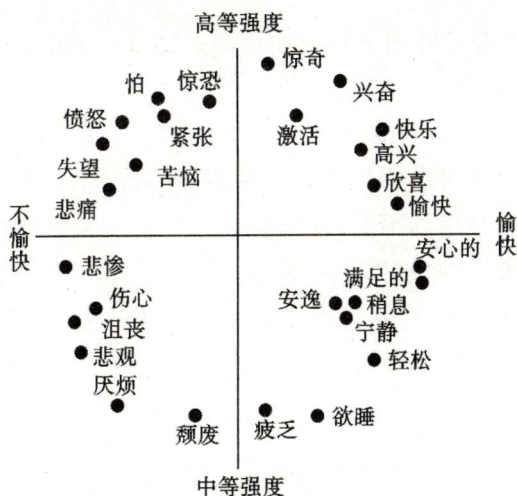

图 1-7　罗素的环形情绪分类模式

(资料来源:彭聃龄于2004年著的《普通心理学》)

情感是同人的社会性需要相联系的主观体验,主要包括道德感、理智感、美感等。

(1)道德感

道德感是个体根据其道德标准评价自身和他人行为时所产生的情感体验。它是由别人或自己的行为是否符合自己心中的道德信念和道德标准而引起的。当他人的言行符合我们的道德信念,就会对其产生崇敬、仰慕、钦佩等情感体验;当他人的言行背离我们的道德信念,就会对其产生痛恨、憎恶、蔑视的情感体验。例如,对成就巨大、品行高尚的人的景仰和钦佩;对贪污受贿、腐化堕落的官员的痛恨,都属于道德感的范畴。在不同的时代、不同的社会制度中,道德观念和道德标准是不同的,所以道德感要受社会历史环境的制约。

(2)理智感

理智感是个体追求知识和认知事物过程中产生的情感体验。它与人们的好奇心、求知欲和认识兴趣相联系。个体在认识过程中,当有新的发现时会产生愉快或喜悦的情绪;在遇到矛盾的问题时会感到疑惑或惊讶;在做出不太肯定的推测和判断之后会感到不安;在成功地解决了一道难题时会感到兴奋和骄傲,这些都属于理智感。理智感是在认识过程中产生和发展起来的,它反过来又推动着认识的进一步深入,成为个体认识和改造世界的一种动力。

(3)美感

美感是个体根据其审美标准评价事物时所产生的情感体验。美感的成分非常复杂。但从主观体验来看,它具有两个明显的特点:①美感是一种不涉及自身利益的愉悦体验;②美感是一种倾向性的体验。美感的愉悦,表现为个体对美好事物的肯定和爱慕;美感的倾向性,表现为个体愿意接近和欣赏美的事物。审美标准既反映事物的客观属性,又受人的主观意识和社会条件的制约。因此,不同的历史时期、不同的经历和背景的人,对美的感受也会有所不同。

美感具有较强的直观性,事物的外表形式对美感有很大影响,但美感也依赖于事物的内容。漂亮的外表并不意味着高尚的内容,反之有价值的事物也并不都具有漂亮的外在形式。同时,美感也和道德感紧密相连,因为美的内容往往受到道德观念的制约。

2.3 情绪的功能

(1)适应功能

有机体的行为总是以生存和发展为目标,情绪和情感的适应功能也主要表现在人类的进化和人的成长过程中。

早在人类进化早期,类人猿等高级灵长类动物就已经在适者生存的激烈竞争中发展和分化出与现代人类相似的表情,可以表达出喜、怒、哀、乐等基本情绪。这些情绪具有适应意义,例如,在遇到危险时产生恐惧情绪并呼救,或者通过愤怒情绪阻吓敌人。在人的成长过程中,情绪也是有机体适应生存和发展的一种重要方式。婴儿出生时还不具备独立的生存能力,这时主要依赖情绪来传递信息,从而获得必需的生存条件。例如,婴儿感觉到饿或者身体不适等就会哭,生理需要得到满足时就会笑,哭和笑是婴儿最具特征的适应方式。到了儿童期,情绪的功能开始表现出社会适应性,在与成人的接触中儿童习得了具有社会意义的"微笑"。在成人的生活中，情绪也是人们心理活动的晴雨表，如愉快表示处境良好，痛苦表示遇到困难等。这样一来，人们可以通过情绪反应和情绪调节，帮助自身适应社会、求得发展。

（2）动机功能

有机体的各种需要是其行为动机的主要来源，当需要不能被满足时，会推动人们采取活动以消除不满足的状态。情绪和情感都是与需要相联系的主观体验，它们能放大因需要不能满足而产生的驱力，因而也具有动机作用。例如，人们在饥饿难耐时体会到的焦虑和紧张感会增强寻找食物的驱力，会成为进食行为的强大动力；而在战场上，对敌人的刻骨仇恨也会激励战士们英勇杀敌。

人都具有趋利避害的本能，积极的情绪状态能够提高行为的效率，对人的"趋利"行为起到正向的推动作用；而消极的情绪是人们所不喜欢的，为了摆脱消极情绪，人们会努力回避导致消极情绪的事物。

（3）组织功能

情绪和情感是心理过程的监测者和心理活动的组织者。具体表现为：积极、正面的情绪对其他活动有协调、促进作用；消极、负面的情绪对其他活动起破坏、阻碍作用。日常生活中人们也常有这样的体会：在良好的心境下，思路开阔，思维敏捷，解决问题迅速；而在情绪低落、郁闷时，则思路阻塞，操作迟缓，难有创造。

鲍尔（G. H. Bower，1969）的一个实验，具体地反映了情绪性质对认知活动的影响。实验发现，当人心情好时，更容易回忆起那些带有愉快情绪色彩的材料；当人情绪低落时，则容易回忆起那些带有消极情绪色彩的材料；如果材料在某种情绪状态下被识记，那么这些材料在同样的情绪状态下更容易被回忆出来。这种现象称为心境—记忆一致性效应。此外，情绪的性质还能影响归因、推理和决策等认知活动。

情绪还能影响人的态度。当人处于积极的情绪状态时，倾向于乐观地看待事物，注意事物的美好方面，对人态度友善；当人处于消极的情绪状态时，往往用否定的眼光看待事物，悲观失望，态度消极。

（4）信号功能

情绪和情感使人们对环境的认识、态度和观点更具有表现力，在人际交往中往往起传递信息的信号作用。情绪的信号功能主要是通过其外显形式——表情来实现的，表情是传播情绪和情感信号的主要媒介。例如，当有人对你怒目而视时你可能会驻足不前，而当有人对你面露微笑时你可能会和他接近。面部表情、语音语调和身体姿势都能够用来传递主体的情绪状态和了解周围人的态度和意愿，比如，微笑表示赞许或鼓励，点头表示默许或满意等。

情绪的信号功能对我们顺利地进行人际沟通有着重要的意义，试想一下如果我们不能理解别人的情绪，那么我们和别人的沟通会变成怎样的情形？从信息交流的发生看，表情的交流也比言语交流要早得多，如在前言语阶段，情绪和情感是婴儿与成人和外界沟通的唯一手段。情绪的适应功能也主要是通过信号作用来实现的。

2.4 情绪的诱发

情绪是时刻伴随个体的一种独特的内心体验,每个人在不同的时刻,其情绪体验都可能是不同的。在实验室中研究情绪及情绪与其他认知过程的相互关系则要求被试在实验过程中处于某种特定的情绪状态,即要求实验中相同实验处理条件下的被试处于相同的情绪状态,此时对情绪的诱发就是非常关键的。当前有多种方法均可以诱发相应的情绪,下面介绍常用的几种诱发情绪的方法。

(1)自传体回忆诱发法

自传体记忆(autobiographical memory)是个体对其个人生活事件的记忆,是与自我经验相联系的信息的贮存和提取过程,与记忆的自我体验紧密联系。通俗地讲,自传体记忆是关于自己的记忆,具有自我参照性。利用自传体回忆的方法诱发相应的情绪是通过指导被试回忆自己曾经经历过的某种情绪事件,比如,回忆目前为止最让自己感到愉快的事情,并向主试讲述这件事情,以此来诱发被试相应的情绪(Phillips,Bull,Adams,& Fraser,2002)。利用这种方法诱发的情绪具有比较高的生态效度,但是每个被试所体验到的情绪强度可能是不相同的。

(2)情绪词诱发法

语言是人类特有的一种心理机能,利用这一特点,可以通过给被试呈现情绪词的方法来诱导被试产生相应的情绪。比如,给被试呈现一系列积极情绪词汇(欢快、大方、芬芳、表扬⋯⋯)可以诱发被试的积极情绪,给被试呈现一系列消极情绪的词汇（乞丐、小偷、凶手、厌恶、自杀……）可以诱发被试的消极情绪，给被试呈现一系列中性词汇（课桌、电脑、房间……）则可以诱发被试的中性情绪。

国内外均已形成了比较完善的标准情绪词语材料库。例如，由美国国立精神卫生研究所（National Institute of Mental Health，NIMH）研发的英语情感词系统（Affective Norms for English Words，ANEW，1999）以及由罗跃嘉等人编制的汉语情感词系统（Chinese Affective Words System，CAWS）（王一牛，周立明，罗跃嘉，2008）。汉语情感词系统中提供了名词、动词、形容词各 500 个，所有的词汇均从效价、唤醒度、优势度、熟悉度、具体性、词频等维度进行了 9 点量表的评定。实验者可根据自己的实验需要从中选取相应的词汇诱发相应的情绪。

（3）图片诱发法

图片所含的信息比较丰富，情绪图片也能有效的诱发被试相应的情绪，情绪场景图片和情绪面孔均可作为诱发情绪的材料，且目前由美国情绪与注意研究中心开发的国际情绪图片库（International Affective Picture System，简称 IAPS）以及由罗跃嘉等人开发的中国情绪图片库（Chinese Affective Picture System，简称 CAPS）中的图片在效价、唤醒度和优势度维度上均经过了标准化的评定，研究者可以根据自己研究的需要，在两个图库中选择相应的符合研究目的的图片来诱发被试相应的情绪。因此，用情绪图片诱发情绪的方法被广泛使用（Taylor & Therrien，2008；王敬欣，贾丽萍，张阔，张赛，2013）。

（4）影片诱发法

影片材料包含视觉、听觉等多通道的信息，其诱发的情绪也更具生态效度，罗跃嘉等人（2010）编制并评定了中国情绪影像材料库，该库包含诱发快乐、悲伤、厌恶、愤怒、恐惧和中性6种情绪的影像片段，每段影片在情绪类型、情绪效价和主成分分析抽取的因子3个指标上均进行了评定，每种情绪又在强度和离散性两个标准上进行了评定。研究者可以根据自己研究的需要选择相应的影片来诱发被试相应的情绪。

（5）情境诱发

所谓情境诱发指的是由主试安排一定的现场活动，被试通过想象或者与实验助手互动交流，通过完成该活动来诱发相应的情绪。比如，通过要求被试想象接下来要在重要的公众场合发表演讲，并给予短暂的准备时间，以此来诱发被试的焦虑情绪。此类情绪诱发的方法所诱发的情绪具有较高的生态效度（Mitchell & Phillips，2007）。

2.5　情绪的表现

（1）表情

情绪体验的外部表现称为表情。表情是人与人之间表达态度、交流思想的重要手段之一，它能表达很多语言无法表达或不便于表达的心理内容。语言可以心口不一，察言观色则可以发现真实的心理状态。当然，有时人也可以有意识地控制自己的表情，从而隐藏自己真正的情绪和态度。

关于表情的起源，达尔文（C. R. Darwin）认为，原始表情的产生是为了适应环境,增加生存机会。例如,愤怒时的咬牙切齿、双拳紧握、怒目而视,是人类祖先做出的准备搏斗的姿态,同时也起到威吓敌人的作用。现在这些情绪表现通过遗传保留了下来,成了人类交际的重要手段。

人的表情主要有面部表情、言语表情和动作表情三类。

面部表情(facial expression)是指面部的表情动作,它是情绪表达的主要通道。人类的面部表情可以用眼部肌肉、颜面肌肉和口部肌肉的变化来标志,这三个部分肌肉运动的不同组合,就构成了不同的面部表情,表达着相应的情绪。如描述高兴时的"眉开眼笑",气愤时的"怒目而视",憎恨时的"咬牙切齿"等。据估计,人的面部有 80 块肌肉,可以产生 7 000 多种不同的动作组合模式,从而能精细、准确地反映人的情绪。测量面部肌肉活动主要使用的是面部电子眼动仪(EMG),一些研究表明,愉快、兴奋等正性情绪能够增加面部肌肉活动,沮丧、气愤等负性情绪的面部肌肉活动仅局限在眼部以上区域。艾克曼等人也运用面部电子眼动仪对微笑进行了研究,发现"真微笑"会牵动面颊和眼部肌肉活动,也会使大脑左半球兴奋度增加,而"假微笑"仅使唇部肌肉活动,大脑电位活动也并不明显。

那么表情是否具有普遍性呢? 艾克曼(Ekman,1987)等人利用照片识别法所做的跨文化比较研究,证明了达尔文关于表情的假设,即面部表情是天生的、固有的,对于人类具有普遍性。艾克曼等人在其研究中,要求来自 10 个不同国家和地区(如美国、日本、巴西、阿根廷、新几内亚等)的人们对照片的表情进行判断,结果发现不同文化和种族的人们对 7 种基本表情(愉快、厌恶、惊奇、悲哀、愤怒、恐惧、轻蔑)的识别显示出高度的一致性。例如，新几内亚的原始部落的成员可以准确地识别出白人面孔所表达的情绪，而欧美文化中的白人也能容易地辨别出该部族成员的表情。拜尔（Biehl，1997）等人的研究也发现，美国、匈牙利、日本、波兰和越南被试对于面部表情的判断具有很高的一致性。伊扎德（1995）等人对婴儿表情的研究也倾向于支持表情是天生的。他们的研究发现，当母亲和出生后10周的婴儿进行交谈时，婴儿会表现出高兴、恐惧、愤怒、惊奇、悲伤、厌恶等表情。就已有的跨文化研究的结果来看，全世界的人，不管文化差异、种族、性别或教育程度，都分享着一套共同的"表情语言"，至少在基本情绪的表达方面具有一致性。

尽管如此，这并不意味着文化对情绪表达没有影响，相反，不同的文化对于某些情绪的表达仍存在着不同的标准。例如，西方人表情比较开放，东方人表情则比较含蓄。此外，拜尔在其研究中也发现，日本人识别生气的能力比美国人、波兰人和匈牙利人都差，这可能与东亚文化的特点有关。

言语表情（intonation expression）是情绪在语言的音调与节奏、速度等方面的表现，如人在高兴时音调上扬、节奏轻快，忧伤时音调低沉、节奏缓慢，发怒时声音刺耳、速度极快等。人在不同的场合也会使用相应的言语表情，如日常生活中人们语调是平静而舒缓的，宣誓时人们的语调是庄重而坚定的，动员会上音调则是高亢而富有激情的。同时，语音的高低、强弱、顿挫都是人们用来表达情绪和传递情感的重要手段，很多优秀的演说家就是靠他们的言语表情去打动和说服听众的。

动作表情是情绪在身体姿势和四肢动作方面的表现，可分为身体表情（body expression）和手势表情（gesture）两种。

身体表情是指人在不同的情绪状态下身体姿态会发生变化，如人在高兴时捧腹大笑，悔恨时捶胸顿足，惧怕时手足无措，悲哀时肃立低头等。手势表情主要以手部、脚部的运动为主，通常和言语表情共同使用，借以表达赞成、反对、接纳、拒绝等态度。例如，摇头叹气表示失望，手舞足蹈表示高兴，摊手耸肩表示无奈。用身体动作表达情绪时，当事人自己可能并没有表达情绪的意识。

手势表情也可以单独使用，来表达自己的思想或愿望，如一些残障人士用"手语"就可以彼此很好地交流，人们也经常用简单的手势指示方位、调动情绪等。有研究表明，手势是后天习得的，也就是说手势存在个体差异。同时手势的使用也受到文化的制约，各种手势在不同民族、不同文化中被赋予了各种各样的含义。

(2)情绪的生理反应

机体在情绪状态下会出现许多生理反应，它们主要受植物性神经系统和内分泌系统支配，受人的主观意识影响小。倘若用特定的仪器把这些反应记录下来，就可以作为情绪活动的客观指标。例如，心率、血压、脉搏、呼吸、心电、脑电、皮肤电等，均可以作为反映情绪变化的生理指标。

个体情绪的变化会引起各种内分泌腺（如肾上腺、胰腺）和外分泌腺（如泪腺、消化腺）活动的变化。例如，个体在焦虑、悲伤时，肾上腺皮质激素分泌增加，外周血管收缩，血糖下降，肌肉松弛，消化腺的活动受到抑制，使肠胃蠕动减慢，食欲衰退；惊恐、愤怒时，唾液常常停止分泌，使人感到口干舌燥；紧张、激动时，肾上腺素的分泌会增加，使人脸红心跳。内分泌系统的化学激活与有机体的许多方面的生理变化直接关联，是情绪反应的一个重要标志。

个体在不同情绪状态下，呼吸、循环系统、骨骼、肌肉组织以及代谢过程都在发生着改变。据研究，人在愤怒时，呼吸每分钟可达 40～50 次（平静时每分钟 20 次左右）；突然惊恐时，呼吸会暂时中断；狂喜或悲痛时，呼吸还会发生痉挛现象。人在惊恐、困惑、紧张时，汗液分泌会发生变化，而汗液中含有大量的导电离子，进而使皮肤导电性随之改变。

在不同情绪状态下，脑电波也会发生变化。通常人在清醒、安静、闭目状态时，脑电呈现 α 波；在紧张焦虑状态下，出现高频率、低振幅的 β 波；熟睡时，出现低频率、高振幅的 δ 波。

情绪的生理反应及其测定研究在许多实践领域中得到了应用，测谎就是其中之一。人在说谎的时候，往往会产生一些不寻常的情绪反应，如紧张、焦虑、内疚等，并伴有机体的生理变化。特别是那些从事过违法和犯罪活动的人，在被问及相关问题的时候，常常为隐瞒真相而故作镇定，但这种"隐瞒"和"假装"本身就会引起相应的生理反应，而且这些生理反应是个体难以控制的。多导生理记录仪能同步记录多项生理指标，在测谎时常常用它来记录被测者的生理反应。近年来，又出现了一种语音分析型的测谎仪。它采取电子滤波和鉴频技术，分析人说话声音中的声波，根据人在说话时的语音颤动，来判定其心理上的紧张度。它可以和电话机、录音机等电声设备配合使用，操作起来更为简单和方便。

测谎的一般过程是：先测定被测者各项生理指标的基础水平，然后向被测者提出一系列问题，其中包含与案情无关的一般问题和与案情有直接关系的"重要"问题（起鉴别作用）。

如果被试在回答鉴别性问题时的情绪表现与回答一般问题时不同，即产生紧张性的情绪反应，则说明他很可能涉案。

虽然测谎仪在司法领域有着重要的应用价值，但由于能引起人的生理变化和紧张反应的因素有很多，其中的一些很难预测和控制，因此测谎仪记录的结果只能作为参考，而不能作为判定事实的依据。

任何情绪都伴随着一系列的生理变化，即生理唤醒状态，而且这种状态会增强情绪的体验。然而不同情绪的生理唤醒模式是否相同呢？有的研究者认为，每一种情绪都有自己独特的生理模式；另一些研究者则认为，所有情绪激起同样的生理唤醒，比如，愤怒和恐惧都会使心率加快，恐惧和悲伤都会使皮肤温度降低，厌恶和发怒都会有肌肉紧张的现象。近年来的研究表明，同一种基本情绪的生理唤醒模式是基本相同的，而不同的基本情绪的生理唤醒模式则有所不同。这说明上述两种观点都有一定的合理性。例如，艾克曼(1983)等人的研究发现，面部的6种表情模式(愉快、发怒、惊奇、恐惧、悲伤、厌恶)所对应的生理唤醒是不同的，如发怒时"脖子以下发热""血液沸腾"，恐惧时被试报告"骨子发冷""脚底发凉"。舍雷尔(Scherer,1994)研究了包括美国、巴西、希腊、印度、以色列、马拉维等37个国家和地区的3 000名被试，发现基本情绪的体验具有广泛的一致性。利文森(Levenson,1992)等人通过对印尼的苏门答腊的某部族成员的研究发现，这里的人虽然在文化上与美国人有很大差异，但在情绪的唤醒模式上与美国人一致。

2.6 情绪的测量

情绪是心理现象的重要组成部分，在我们的日常生活中占有重要的地位,但是在心理学的研究中,对情绪的研究却起步较晚,究其原因就是情绪的内容是丰富多彩的,并且是复杂多变的,对情绪的测量不易操作,最初对情绪的测量仅仅是对情绪状态的主观描述,并没有客观的指标,对情绪测量的有效性和客观性一直是制约情绪研究的瓶颈。随着心理测量技术的发展和成熟,对情绪的测量越来越客观,越来越准确,因此情绪领域的研究也如火如荼地发展起来。

每种情绪都是由独特的生理唤醒(physical arousal)、主观体验(subjective experience)以及外部表现(emotion expression)组成的。其中,生理唤醒指的是个体在经历某种情绪后所产生的生理变化(如心率的变化)。主观体验指的是个体在经历某种情绪后对自己当前状态的主观感受(如愉悦)。外部表现往往与主观体验相对应,指个体经历某种情绪后通过面部表情、身体姿态以及语调表现出来的情绪的外部表现(如眉飞色舞)。明确了情绪的构成,对情绪的测量便可以顺利展开。

(1)对生理唤醒的测量

个体经历某种情绪后,其生理水平相应的会产生一些变化,即我们提到的生理唤醒,生理唤醒时,个体的植物神经系统(交感和副交感神经系统)会被激活,神经系统的这些变化便成为测量情绪的有效的客观指标。现在多用多导生理仪来记录个体某种情绪状态下的生理变化,如心率、脉搏、心跳间歇、呼吸、皮肤电、指温、脑电波、血氧饱和度等。

(2)对主观体验的测量

情绪的主观体验是个体处于某种情绪状态下的主观感受,一般采用自我报告的方法进行测量。一般采用量表法进行,积极—消极情感量表(PANAS)可以用来测定被试的情绪状态(邱林,郑雪,王雁飞,2008);另一种常用的量表是形容词核对表(adjective check list),核对表中列出一系列描述情绪状态的形容词,要求被试选择符合自己当时情绪状态的形容词;另外,伊扎德(Izard)提出了情绪的四维理论,认为情绪有愉悦度、紧张度、激动度和确信度四个维度,其中愉悦度表示主观体验的享乐色调,紧张度表示情绪的生理激活水平,激动度表示个体对情绪出现的突然性,即个体缺乏预料和准备的程度,确信度表示个体胜任、承受情绪的程度。根据这一理论,伊扎德编制了维量等级量表(Dimensional Rating Scale,简称DRS)和分化情绪量表(Differential Emotions Scale,简称DES),可以对个体的情绪体验做出较为准确的评估。

情绪测量的自我报告法简单易行,但是这一方法存在一个很大的问题,即情绪测量结果的客观性问题。有研究者认为采用自我报告法测量的情绪具有很大的主观性,可能与被试的真实情绪状态有一定差异(Nielsen & Kaszniak,2007; MacNamara, Ochsner, & Hajcak, 2011)。另外,采用这一方法时还可能出现期望效用,即实验者可能有意无意地向被试做出一些暗示,被试在受到暗示后会掩盖自己的真实感受而做出实验者所期望的反应;或者有些被试因对自己情绪状态的评价能力有限而不能准确地报告出自己的情绪感受。

(3)对外部表现的测量

行为主义认为,只有研究外显的行为才是客观的。情绪的外显行为指标就是表情,通过测量外显的表情可以推测个体内在的情感体验。表情包括面部表情、姿态表情和语调表情,其中面部表情是最具代表性的,面部表情是所有面部肌肉变化所组成的模式,如高兴时会表现为额眉平展、面颊上提、嘴角上翘。人的面部大约有 80 块肌肉,这些肌肉的不同活动方式可以组合产生 7 000 多种不同的表情,伊扎德(Izard)根据不同表情所对应的面部肌肉活动状态编制了最大限度辨别面部肌肉运动编码系统(maximally discriminative facical movement coding system,简称 MAX)和表情辨别整体判断系统,可以辨别多种不同的基本情绪。

当然,随着研究手段的不断提高,又出现了更加客观、准确的对情绪的测量方法。比如,随着事件相关电位技术的发展,有研究者发现,脑电中的晚正成分 LPP(late positive potential)可以用来研究情绪,正性和负性情绪所诱发的 LPP 波幅要比中性情绪更大,且该成分具有跨文化的一致性(Yen, Chen & Liu, 2010)。Face Reader 也可以对被试的表情做出客观的测量。

2.7　情绪的脑中枢机制

(1)下丘脑与情绪

下丘脑位于第三脑室下部,视交叉后部,脑垂体上部,其与中枢神经系统、植物性神经系统有着紧密的联系,并控制着脑垂体和整个内分泌系统。下丘脑与情绪的关系密切,有时被视作应激中心。动物实验表明,刺激猫的下丘脑腹内侧核会产生明显的情绪性行为,刺激下丘脑的不同部位可引起两种行为反应,一种是争斗和发怒的表现,如怒吼或发出嘶嘶声,耳朵挺起,毛发竖立等;另一种是逃走和恐惧的表现,如瞳孔放大，向后退缩乃至逃走。这说明下丘脑可能存在一个调节攻击、防御和逃跑反应的系统。如果切除下丘脑以上的脑组织，这些反应仍然存在。切除皮层后的动物常常在面对微弱的外界刺激时也表现出强烈的愤怒，如毛发竖起、张牙舞爪。这说明下丘脑是产生情绪的重要脑结构，正常情况下下丘脑的应激反应功能会受到大脑皮层的调节和抑制，但切除大脑皮层导致抑制解除后，动物就表现出敏感性提高和愤怒阈限降低。

美国心理学家奥尔兹(J. Olds，1954)用埋藏电极法进行了"自我刺激"的实验，发现下丘脑存在着"快乐中枢"。实验是这样做的：在白鼠的下丘脑背部的相应部位埋上电极，电极通过电线与一个起开关作用的杠杆和电源相连。将白鼠放入一个箱子里，箱子中有一个可以按压的杠杆，一旦白鼠按压了杠杆，电源就会接通，埋藏的电极就会向白鼠下丘脑的特定部位发出一个微弱的电刺激。实验发现，当白鼠学会了按压横杆以获得电刺激后，就会不断地按压杠杆，以获得快乐感。有的白鼠竟以高达 5 000 次/小时的频率去按压杠杆，并能连续按压 15～20 小时，直到精疲力竭而睡去，但一醒来就又会去按压横杆。后来奥尔兹又在老鼠和横杆间摆一个有很强电流的架子，即使这样也没有减少老鼠追求刺激的热情。如果在下丘脑以外的脑部埋下电极，则没有出现上述情形，或者快乐效果不明显。由此推断，白鼠的下丘脑中存在一个"快乐中枢"。此外，在下丘脑的另一部位还有"痛苦中枢"，当这一区域受到电刺激后，白鼠就会产生痛苦的情绪，从而促使它们学习按压另一杠杆，以截断对其脑部的电刺激。

（2）网状结构与情绪

脑干网状结构的主要作用是维持大脑皮层的唤醒状态，它所产生的唤醒和激活作用是情绪发生的必要条件。从外周感官和内脏组织来的感觉冲动通过传入神经纤维的旁支进入网状结构，在下丘脑被整合与扩散，兴奋间脑觉醒中枢，激活大脑皮层。网状结构能同时接受来自中枢和外围两个方向的冲动，所以它既是情绪表现下行系统的中转站，又是上行警觉激活系统的转换器。它向下发送信息引起情绪的外部表现和生理唤醒，向上传递信息可使某种情绪处于激活状态，产生情绪体验。有人推论，抑郁症患者表现出的冷漠、内心体验麻木、面无表情可能与网状结构的功能遭到破坏有关。动物实验发现，切除脑干后的动物表现出某种不太协调和盲目的情绪，并且脑干切除部位越低，情绪表现和行为的整合性也越差。

（3）边缘系统与情绪

边缘系统位于前脑底部，它包括了杏仁核、海马、扣带回、隔区等与情绪的发生有密切关系的脑区。心理学家若滕伯格（Routenberg）认为网状结构和边缘系统均是唤醒系统，两个系统是互相抑制又互相关联的。勒杜（LeDoux）认为，杏仁核是大脑中央的"情绪计算机"，它分析输入的感觉信息，做出认知性功能评估，并赋予其情绪意义。杏仁核还起联结作用，它一方面接受视听信息，另一方面与控制情绪行为的下丘脑密切联结，使大脑各部分相互协同完成情绪加工。

临床发现，有些凶暴行为病人的脑病变似乎常常在边缘系统的杏仁核。动物实验发现，损毁狗的杏仁核背内侧部位，狗容易表现出敌意、恐惧和攻击行为；但如果损坏其外侧部位,狗表现出愉悦、安适和玩耍。通过电刺激的方法也发现,杏仁核的某些部位具有促进攻击性行为的作用,而有的部位则具有抑制攻击性行为的功能。

近年来的研究显示,海马在情绪调节中也具有重要作用,且其机制十分复杂。一些动物实验发现,海马受损的动物往往表现凶猛和缺少畏惧感;而另外的一些研究则发现,海马受损也可能引起退缩和回避反应。戴维森(R.Davidson)认为,海马在情绪行为的背景调节中起重要作用,海马受损的个体常常表现出与情境不相适应的行为。

(4)大脑皮层与情绪

近年来的大量研究使心理学家确信,大脑皮层在情绪的认知加工、体验和表达中起重要作用,是情绪机制的最高调节和控制机构,这个结论主要来自对大脑两半球情绪功能差异的考察以及临床和病理研究。很多研究证实,大脑两半球具有情绪功能的不对称性,左半球为正情绪优势,右半球为负情绪优势。临床研究发现,左侧前额叶受损的病人患忧郁症者较多,而右侧前额叶受损的病人更多地表现出躁狂。

戴维森通过对脑损伤病人的观察也发现,左半球损伤病人表现出过多的哭泣,而右半球损伤的病人表现出更多的欣快反应。他认为这是由于病人缺乏正常情况下两半球的协调活动,左半球受损伤时,右半球释放更多的负性情绪;而右半球受损伤时,左半球释放不适当的正性情绪。为验证这一观点,戴维森等人(1990)让额叶受损的病人观看能引发情绪反应的电影片段,同时利用脑电图技术(EEG)记录大脑各部位的脑电变化。结果发现,当被试表现出高兴的表情时,左侧前额叶的脑电活动比右侧活跃；当被试表现出厌恶的表情时，则正好相反。

2.8 情绪的理论

（1）詹姆斯—兰格理论

美国心理学家詹姆斯（W. James）和丹麦生理学家兰格（C. Lange）于 1884 年和 1885 年分别提出了相似的情绪理论，被合称为詹姆斯—兰格情绪理论，也被称为情绪的外周理论。

詹姆斯和兰格都认为情绪是由有机体的生理唤醒所引起的知觉体验，没有生理唤醒就不会产生情绪。詹姆斯更加强调情绪发生过程中植物性神经系统的作用，认为情绪是由情绪刺激物作用于感官所激起的神经冲动传至中枢神经系统而产生的。他说："因为我们哭泣，所以感到难过；因为动手打人，所以生气；因为发抖，所以害怕；并不是我们愁了才哭，生气了才打，怕了才发抖。"而兰格则特别强调情绪与血管变化的关系。他认为血管舒张，就产生了愉快的情绪；血管收缩或器官肌肉痉挛，就产生了恐怖的情绪。饮酒引起血液循环加快，血管扩张，因而使人兴奋；冷水浇身引起血管收缩，就可以使愤怒减弱。总之，詹姆斯和兰格都一致认为情绪刺激引起身体的生理反应，而生理反应进一步导致情绪体验的产生（图 1-8）。

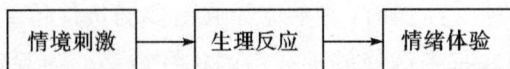

情境刺激 → 生理反应 → 情绪体验

图 1-8　詹姆斯—兰格情绪理论图示

詹姆士—兰格情绪理论指出了生理唤醒与情绪过程的密切关系，并认为是生理反应引发了情绪体验，所以他们的理论又被称作情绪的外周理论,因为生理唤醒(尤其是内脏反应)主要是由外周的植物性神经系统所控制。但他们的理论忽视中枢神经系统对情绪的调节、控制作用,否认了人的态度对情绪的决定意义。

(2)坎农—巴德的丘脑学说

美国生理学家坎农(W. Cannon)对詹姆士—兰格的情绪学说提出了质疑,并提出了四个方面的反驳意见:第一,根据生理变化很难分辨各种不同的情绪,因为在各种情绪状态下机体的生理变化并无很大的差异。第二,机体的生理活动主要是受植物性神经系统的支配,变化缓慢,难以说明情绪快速多变的事实。第三,药物(如肾上腺素)能够激起机体的某些生理变化,却不能直接造成某种相应的情绪。第四,切断动物的内脏器官与其中枢神经系统的联系,动物的情绪反应并没有完全消失。

根据上述事实,坎农和另一位生理学家巴德(P. Bard)认为,植物性神经系统控制的生理反应不是情绪产生的根本原因,情绪机制的中心不在外周神经系统,而在中枢神经系统的丘脑。他们的观点后来被称为坎农—巴德理论。这种学说认为情绪产生的具体过程是,由外界刺激引起的感觉器官的神经冲动经由内导神经传至丘脑,再由丘脑同时向上向下发出神经冲动,向上传至大脑,产生情绪的主观体验,向下传至交感神经,引起机体的生理变化。根据这一理论,外界刺激同时引发了生理唤醒和情绪体验,所以生理唤醒和情绪体验没有直接的因果关系,而是相对独立的(图1-9)。例如,遇到一件令你生气的事情,你会产生愤怒的主观体验,同时也出现血液循环加快、心跳加速等生理反应,这两种过程是平行发生的。

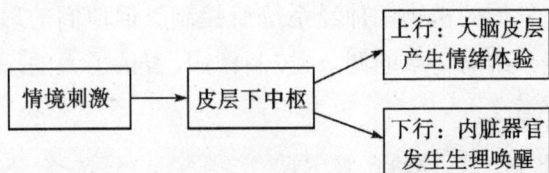

图 1-9 坎农—巴德的情绪理论图示

坎农—巴德情绪理论强调皮层下中枢在情绪中的作用,把詹姆斯—兰格对情绪的外周性研究推向对情绪中枢机制的研究。

(3)阿诺德的"评定—兴奋"学说

美国心理学家阿诺德(M. B. Arnold)于 20 世纪 50 年代提出了情绪的"评定—兴奋"说。她认为从刺激出现到情绪的产生要经过对刺激情境的评价过程,个体在认识客观事物的时候,会不由自主地对其与自身的利害关系进行评估。情绪是趋向有益事物、回避有害事物、忽略无关事物时产生的一种主观体验。比如,食物的香味会给饥肠辘辘的人带来愉快的情绪体验,可是酒足饭饱的人却对其无动于衷。

阿诺德的"评定—兴奋"说的另一个重要部分是强调了大脑皮层兴奋对情绪产生的重要作用。阿诺德认为,外界的刺激作用于感受器时产生的神经冲动经内导神经传至丘脑,再到大脑皮层,由大脑皮层产生对情绪刺激与情境的评估,形成相应的情绪体验,这种体验再经由外导神经传至丘脑和交感神经,所引起的生理变化使人产生相应的感觉。该学说在阐释情绪发生过程时,强调了大脑皮层的作用,兼顾了环境和机体内部生理变化以及不同心理过程之间的联系,认识到情绪的产生是生理、行为和认知成分相互作用的结果,从而推动了情绪理论的进一步发展。

(4)沙赫特的两因素理论

20 世纪 60 年代,美国心理学家沙赫特(S. Schachter)和辛格(J. E. Singer)提出,环境刺激导致的生理唤醒和个体的认知评价对情绪的产生有着同等重要的作用。他们通过一个经典的实验,说明了在情绪产生过程中高度的生理唤醒以及个体对生理唤醒的归因和解释是两个必不可少的要素。

实验的基本过程是这样的:他们给被试注射一定剂量的肾上腺素,这种药物能使人出现心悸、脸红、呼吸加快、血压升高等生理变化。但实验前告诉被试,注射该药物的目的是为了研究它对视觉的影响,以掩盖实验的真实目的。然后,把被试分成三个实验组。对第一组(知情组)被试,主试正确地告知他们注射药物后可能引起的反应;对第二组(假知情组)被试,主试告诉他们药物会使他们感到双脚发麻、头痛等,此乃虚假信息;对第三组(不知情组)被试,则什么也不说。

注射药物后,各组被试又被随机分为两小组,分别被带入两个休息室中等候。在一个休息室里,实验者的一个助手唱歌、跳舞、做滑稽表演,制造出令人愉快的情境;在另一个休息室里,实验者的助手跺脚、怒骂,强迫被试填写烦琐的问卷,并对被试横加指责,制造出令人生气的情境。

实验的逻辑是:如果生理因素单独决定情绪,那么三个实验组的被试注射了同样的药物,引发了同样的生理反应,他们应该产生同样的情绪;如果环境因素单独决定情绪,那么,所有进入"愉快情境"中的被试都应该显得愉快,而所有进入"生气情境"中的被试都应该显得气愤。实验结果是:第一组(知情组)的被试在房间里表现得相对平静,不大理会实验者助手的行为;而第二组(假知情组)和第三组(不知情组)被试则倾向于追随实验者助手的行为,表现出愉快或气愤。这表明生理因素和环境因素都不能单独地解释情绪产生的机制。

根据这一实验的结果,沙赫特与辛格提出了情绪的两因素理论,也称为激活—归因理论,即认为刺激激起了生理反应,而个体对这种生理反应的归因和解释决定了情绪的性质。根据这一理论,知情组的被试由于对自己的生理反应有了正确的了解,所以不再从环境中去寻找解释,因而在各种情境下都比较平静;而假知情组和不知情组的被试,由于对自身的生理反应不能做出恰当的说明,就将其归因于外部情境,并产生了与情境一致的情绪。

沙赫特和辛格认为,情绪的产生是环境刺激、生理变化、认知过程三种因素整合作用的结果。环境中的刺激因素通过感受器向大脑皮层传递外界信息;生理因素通过内部器官向大脑输入生理状态变化的信息;认知过程是对过去经验的回忆和对当前情境的评估,来自这三方面的信息经过大脑皮层的整合后才产生某种情绪体验,其中认知过程起着最关键的作用。

20世纪70年代,心理学家Dutton和Aron进行了一项有趣的实验研究。他们让两组男性被试分别通过加拿大温哥华市附近的两座桥,一座是很安全、坚固的桥,另一座是摇摆不定、感觉比较危险的桥。在桥的另一端,有实验者的女性助手。当男性被试通过大桥后,这些女性研究助手假装对"安全与创造力的关系"这一课题感兴趣,要求这些男性被试根据一位女性研究助手的两可图形写一个短故事,还告诉他们如果对研究的更多信息感兴趣,可以给她打电话。

结果发现,那些刚刚从摇摇晃晃的桥上通过的男性被试写出的故事里包含更多的性幻想,而且给女性研究助手打电话的人数也是那些从安全桥上通过的被试的 4 倍。为了证明生理唤醒是导致认知曲解的关键因素,研究者后来又安排了另外一组男性被试,也让他们从摇摆不定、感觉比较危险的桥上通过,但女性研究助手在他们等待 10 分钟之后才开始对他们进行采访。结果发现,由于生理唤醒已经平复,这组被试没有表现出与前一组类似的兴奋反应。

(5)拉扎勒斯的认知评价理论

拉扎勒斯(R. Lazarus)是情绪的认知理论的另一位代表人物。他发展了阿诺德的认知评价学说。在 20 世纪 60 年代,拉扎勒斯等人通过实验证明了认知评价在情绪体验中的重要性。在其中的一项研究中,他们给被试观看会激发焦虑情绪的录像,例如各种工伤事故的发生过程。实验者通过改变影片的配音来影响被试的认知评价。实验条件分为三种:否定式的配音,即通过解说告诉被试,影片中的镜头只是演员的表演而非真有其事;理智式的配音,即通过解说告诉被试这是工厂的一次意外事故,被试应该客观理性地看待这一事件;控制组被试则不加任何配音说明。实验者通过连续记录被试的多项心理生理指标(如心率和皮肤电阻)来评定被试在观看录像过程中的生理唤起水平或应激程度。结果发现,否定式和理智式的配音确实降低了被试情绪反应的程度。

　　与阿诺德相同,拉扎勒斯也认为情绪是人与环境相互作用的产物,情绪的产生有赖于人们对情境刺激与自身关系的评价,在情绪活动中,人不仅反映环境中的刺激事件对自己的影响,同时也要根据"趋利避害"的原则调节自己对于刺激的反应。拉扎勒斯在阿诺德的基础上将认知评价扩展为初级评价、次级评价和再评价三个过程。

　　初级评价(primary appraisal)是指人确认刺激事件与自己是否有利害关系以及这种关系的程度,即确定情境刺激是合乎自身需要的还是对自己有害的,抑或是没有关系的。

　　次级评价(secondary appraisal)是一种控制判断,即个体根据自身各方面的资源,如物质和金钱、能力和技术、社会关系等等,来判断自己对情境刺激的控制力。也就是当人们要对刺激事件做出行为反应时,必须根据主客观条件来考虑行为的后果,从而选择有效的应对措施和方法。例如,当人们受到威胁和攻击时,选择"逃跑"反应还是"战斗"反应,就依赖于通过次评价形成的判断。

　　再评价(reappraisal)是一种反馈性评价,它是个体对自己的情绪和行为反应的有效性和适宜性的评价。如果发现自己应对外界刺激的措施是无效的或者不恰当的,个体就会调整先前的评价结果和应对反应。

　　拉扎勒斯认为,认知评价总是先于情感反应,但认知评价并不一定发生在意识水平之上。Zajonc 等人的研究也发现,在缺乏有意识的认知加工的参与下,情绪反应也可能发生。

　　(6)基本情绪论

　　基本情绪论认为人的情绪可以划分为基本情绪和复合情

绪。其中,基本情绪是人和动物所共有的,在发生上有着共同的原型或模式,它们是先天的、不学而能的,每一种基本情绪都具有其独立的神经生理机制、内部体验和外部表现,并且有不同的适应功能。复合情绪则是由基本情绪的不同组合派生而来的。

(7)情绪维度论

彭聘龄认为,情绪的维度是指情绪所固有的某些特征,主要是指情绪的动力性、激动性、强度和紧张度等方面。这些特征的变化又具有两极性,每个特征都存在两种对立的状态。情绪的维度论认为,由情绪的几个维度所组成的空间包括了人类所有的情绪,情绪可表示为具有信息度量的多维空间的点在情感空间中的映射,情感计算的基础就是找到这个映射维度,维度论把不同情绪看作逐渐的、平稳的转变,不同情绪之间的相似性和差异性可根据彼此在维度空间上的距离来表示。情绪的维量是指情绪在其所固有的某种性质上,存在着一个可以变化的度量。情绪维量具有极性,即情绪的维量是不同维度上的两极。例如,紧张维的两极是紧张—松缓。

情绪的维度理论又可分为几种。主要包括维克托·约翰斯顿的情绪一维理论,他认为情绪情感的快乐维度可以视为一条标尺,其一端为正极,表示极度快乐;另一端为负极,表示极度不快乐。而情绪的二维理论则认为情绪的维度可归纳为正负两极(正性情绪—负性情绪)和强弱两端(强烈情绪—弱情绪)。情绪的三维理论又可分为:冯特的情绪三维理论、施洛伯格的三维模式、普拉切克三维模式。冯特的情绪三维理论认为情绪是由愉快—不愉快、激动—平静、紧张—松弛三个维度组成的,每种具体的情绪都分布在三个维度的两极之间的不同位置上。施洛伯格通过研究人的面部表情,提出情绪的三个维度有愉快—不愉快、注意—拒绝和激活水平,这三种维度的不同组合可以得到各种情绪。普拉切克则认为情绪具有强度、相似性和两极性三个维度,并用一个倒椎体来说明三个维度之间的关系。美国心理学家伊扎德提出了四维理论,认为情绪有愉快度、紧张度、激动度和确信度四个维度。情绪维度对情绪的客观测量有重要意义。迄今为止,维度的划分方法是各式各样的,目前并没有统一的标准来评价哪种维度划分方法更好。

国际情绪图片系统(IAPS)从情绪的维度论出发,依据Osgood等人的理论,用自我报告的方法对图片进行评定,从愉悦度(Valence)、唤醒度(Arousal)和优势度(Dominance)三个方面(Aftanas, et al., 2002;Kemp, et al., 2002;Tucker, et al., 1990)评定出了882张图片,组成了一个相对规范的情绪刺激系统。该系统解决了情绪研究中刺激材料的标准化问题,受到国内外的广泛应用。

2.9 情绪与注意

情绪与人类的适应和进化有密切的关系,情绪所携带的信息也格外容易被人们所觉察,这就导致了注意对情绪性的信息具有一种加工上的优势,即存在情绪的注意偏向。从生物进化的角度来看,负性信息,尤其是威胁性刺激,与人类的生存紧密相连,起到信号警示作用,所以人们应该对负性信息给予更多的注意,这也是适应性的表现(彭晓哲,周晓林,

2005)。已有不少的文献报道验证了情绪注意偏向的说法,研究者们通过实验研究发现,相对于正性刺激来说,负性刺激自动吸引注意的能力更强。持这种观点的学者认为,所谓的情绪负性偏向就是当人们刚刚接触到情绪刺激时,注意力会更容易被那些负性信息所吸引,或者当需要关注其他事物时,注意力却更加不容易从负性信息上转移开去。

2.9.1 情绪注意偏向的行为研究

传统的理论认为:只有很简单的物体属性,例如,颜色、明度或空间特征在集中注意以前捕捉到注意,但是一些研究者却认为,面孔和面孔表情也一样能够在集中注意之前捕获到注意(Wolfe & Horowitz,2004)。

有研究表明,当被试面对情绪面孔时,在与情绪相关的面部肌肉上会测到对情绪面孔的肌电反应,这种肌电反应反映了被试模拟面部表情的一种趋势。Ulf Dimberg, Monika Thunberg, & Kurt Elmehed(2000)研究了在无意识条件下这种肌电反应是否会出现。他们采用后向掩蔽技术,被试分为三组,分别参加正中、负中、中中条件下的实验,即在呈现正性、负性或中性面孔 30 ms 后都有一个中性面孔作为掩蔽刺激出现,尽管正、负性面孔图片是在无意识条件下呈现给被试的,在被试与情绪相关的面部肌肉上仍然测到了对正、负性面孔的肌电反应。他们的研究表明,对正、负性的面孔的反应可以在无意识条件下被激活。利用特殊被试所做的研究也表明了注意对情绪性信息所具有的敏感性,Vuilleumier 和 Schwartz(2001)的实验中以单侧视觉障碍的病人为被试,将带有正性、负性、中性的面孔或是椭圆呈现在左侧视野、右侧视野或者是两侧视野,在单侧呈现条件下,被试探测出面孔和椭圆的概率是相同的,在双侧视野条件下,当面孔或椭圆出现在视觉受损一侧视野时,被试报告椭圆的概率要比报告面孔的概率低,报告正性、负性面孔的概率比中性面孔的概率低。通过这一实验他们认为:即便是面部特征和情绪出现在被试视觉受损的视野范围内,被试也能对他们进行分析并影响注意的分配。

注意偏向能够由各种类型的情绪刺激引起,还是只有负性刺激才可引起注意偏向,这是一个存在争议的问题,但大部分实验发现的注意偏向是由负性刺激引起的。大量研究表明,个体对负性情绪刺激具有一种特殊的敏感性,与正性和中性刺激相比,负性刺激似乎可以获得加工上的优先权。行为研究发现(Taylor,1991;Hansen,et al.,1988;Öhman,2001;Pratto,1991),负性情绪刺激可以引起更快、更显著的情绪反应。几项利用 fMRI 技术的研究中(Miller,2002;Phillips,et al.,2003;Vuilleumier,et al.,2001,2002)也观察到对视野中的负性情绪刺激进行加工的脑区的激活程度有所增强。一项结合 MEG 与 fMRI 的研究(Northoff,et al.,2000)也支持这种情绪负性偏向的存在。Bradley,et al.(1997)在实验中还发现,在注意资源缺乏甚至非注意条件下,负性情绪信息也会导致注意偏向。

视觉搜索范式是研究者们用来研究情绪与注意的关系的常用范式(Nothdurft,1993;White,1995;Fox et al.,2000;Öhman et al.,2001;Horstmann & Bauland,2006;Horstmann,Scharlau,& Ansorge,2006;Horstmann,2007),研究中要求被试在正性图片背景中寻找一个负性的目标刺激,或者是在

负性图片背景中寻找一个正性的目标刺激。许多实验者发现了一种相对不对称的搜索现象,即搜索负性目标刺激要比搜索正性目标刺激要快。比如,Öhman et al. (2001)为了检验人们能够优先将注意指向威胁性刺激,应用视觉搜索范式,要求被试在面孔矩阵中找出不一致的面孔。实验结果一致显示:相对于正性的目标,对威胁性目标的搜索更快、更准确。并且对于具有威胁性的生气的面孔的搜索比对其他负性的面孔,如悲伤的面孔的搜索更快也更准。Williams et al. (2005)也用视觉搜索范式对威胁性/非威胁性的图片是否能捕获注意进行了研究,实验1中,要求被试对具有某一特定表情的面孔进行定位,结果表明在中性面孔中搜索高兴面孔所需要的时间要比在高兴面孔中搜索中性面孔的时间要短。相反,当面孔倒立时,搜索中性的要比搜索正性的快。实验2中对于悲伤面孔,发现了和实验1中正性面孔相同的结果。实验3中比较了搜索高兴、悲伤、害怕和生气面孔的时间,对高兴和悲伤的搜索的优势在实验3中也表现出来了。对生气和高兴的面孔的搜索时间比对悲伤和害怕的面孔的搜索时间要短。这些结果表明:相对于中性面孔,非威胁性的面部表情(高兴和悲伤)的更能捕获注意;但威胁性的面部表情对注意的影响是不一致的,生气的表情提示观察者潜在的威胁因此能够捕获注意,但是害怕的面部表情提示了外来的威胁,因此观察者会将注意离开面孔而去寻找外来的威胁。Eastwood, et al. (2003)的两个实验中,要求被试数带有正性、负性、中性的简图中的面部特征,实验1中发现数负性简图中的特征所花的时间要比正性图多;实验2得到了同样的结果,即数负性简图中的特征所花的时间要比中性图多。但是,当实验中的简图中的特征相同但面孔是倒立时,正性、负性、中性之间没有发现差异。所以他们认为:相对于中性和正性面孔,负性面孔更容易自动捕获注意。

从生物进化的角度来看,负性信息,尤其是威胁性刺激,与人类的生存紧密相连,起到信号警示作用,所以人们对负性情绪给予更多的注意是适应性的表现。但对正性情绪的优势反应在人们的社会交往中扮演了重要的角色,因此人们可能对高兴的情绪的反应比对负性情绪的反应要强。人们对高兴的情绪的这种优势反应可以解释人们在识别面孔时对高兴面孔的优势效应。Fraser, et al. (2009)在研究中利用光谱分析与合成的技术研究了人类 6 种基本情绪的光谱特性,在这一基础上对不同距离情况下情绪信号的传递进行了研究。实验结果表明:对愉快表情的敏感性最高,其次是惊奇、厌恶、恐惧、中性、生气。这一结果可以解释当一个人很高兴的时候,从很远就可以感受得到,而当一个人生气的时候人们在远距离时却观察不到。

很多研究结果也表明:不管是婴儿还是成年人,高兴的面孔比其他情绪的面孔更容易被识别。Nelson (1987)在研究中发现,婴儿辨别归类高兴的面孔的能力要比辨别归类其他情绪面孔的能力发展得早。当要求成年被试对面孔图片进行归类时即要求被试将图片归为积极的/消极的或者归为高兴的/悲伤的时,对高兴面孔的加工速度的优势在反应时上得以体现。Kirita & Endo (1995)的研究中从加工过程和空间特征两个方面证明了高兴面孔的优势效应。实验 1 和实验 2 中呈现高兴和悲伤的面孔简图,要求被试对他们进行归类。实验 1发现:当面孔正立呈现时,被试对高兴面孔的归类比对悲伤面孔的归类要快,但是当面孔倒立呈现时,对悲伤面孔的归类出现了微弱的优势。实验 2 发现:高兴面孔的认知模式在左右视野时不同的,高兴面孔出现在左视野时的倒置效应比高兴面孔出现在右视野时的倒置效应要明显。在实验 3 中,他们用真人面孔作为刺激材料,发现了同样的结果。这些结果表明:对高兴面孔的加工是从整体水平上进行的,而对悲伤面孔的加工是从解析水平上进行的。Hess, et al. (1997)在研究中发现对生气、厌恶和生气的面孔的辨别正确率会随着面孔物理属性的增加而呈直线上升,相比之下,即便高兴面孔的物理属性很少也会基本上 100% 被识别。与他们的研究相一致,Mack, et al. (2002)在研究中也发现:同时呈现高兴的面孔和其他刺激,即便大部分刺激不能被意识到,被试也能够识别出高兴的面孔。对高兴的面孔的识别优势也从注意视盲的实验中得到了证实,比如 Mack & Rock (1998)的研究中,要求被试完成简单的辨别任务即判断哪个箭头更长。重复做几次这样的任务之后,在屏幕上同时呈现一个与任务无关的刺激。实验结束后问被试是否注意到屏幕上有新异刺激出现。结果表明:大部分被试没有注意到新异刺激的出现。这一现象被称为注意视盲,从这一现象可以看出,当被试完成一件需要注意的任务时,即使是新异的、明显的物体也可能不会引起被试的注意。但是有趣的是,他们实验中的大部分被试注意到了高兴的面孔和被试自己的名字,但是悲伤的面孔却没有被注意到。Jukka (2004)在研究中利用 ERP 手段,检验了正、负性面部表情的物理属性在多大程度上影响了被试对正性面孔的优势反应,检验了对正性面孔的优势反应发生在哪个阶段,正性面孔在反应时上的优势是否反映了对正性面孔的认知加工要快,同时检验了是否是情绪因素影响了对正性情绪的反应优势。实验中面孔图片会在电脑屏幕上呈现 200 ms,要求被试对呈现在电脑屏幕上的图片归于高兴、中性、厌恶中的一类,并按相应的反应键。记录被试的反应时、正确率以及 LRP。实验结果表明:对高兴面孔的辨认比负性情绪的面孔的辨认快、准。

2.9.2 情绪注意偏向的 ERP 研究

近些年来对情绪的研究不仅局限于描述性定性及行为研究,特别是 ERPs、fMRI 等技术的不断成熟为研究情绪加工的潜在神经基础提供了可能。伴随神经科学和计算机科学的进步,情绪与认知加工的关系也逐步受到重视并取得了一系列的研究成果。由于情绪图片常模的建立以及在电脑上呈现图片的简易性,以图片作为刺激引发相应的情绪并在此基础上用 ERP 技术研究情绪的加工过程以及情绪与认知的关系是近些年来的一个热点。大多数关于情绪的 ERPs 研究都是以 IAPS (International Affective Pictures System)中的图片为刺激的。罗跃嘉等人编制的 CAPS (China Affective Picture System)为情绪研究的本土化提供了平台。

以 IAPS 中的图片为刺激所做的 ERP 研究表明:负性刺激引起的情绪反应比正性刺激更大(Cacioppo, et al., 1999;Crawford & Cacioppo, 2002;Öhman & Mineka, 2001),具有一种认知加工上的优先权,这称为情绪的负性偏向。应用 ERPs 技术所做的情绪相关的研究表明了对负性刺激的加工优势。在以 ERPs 作为研究技术的实验中,可以从几个潜伏期较短的脑电成分,比如 C1(Pourtois, et al., 2004)、P1(Smith, et al.，2003)、P200 和 P340(Carretié，et al.，2001，2001)上体现出情绪的注意偏向。Pourtois 等人(2004)观察到恐惧表情相对高兴表情引起较大的 C1 成分;恐惧表情消失后在同一位置呈现的刺激引起较大 P1 波幅,而高兴表情不能引起这种效应。运用相似实验范式的 fMRI 研究(Pourtois，et al.，2006)也发现,恐惧面孔比高兴面孔引起大脑双侧颞顶区和右侧枕顶区更强的激活;以恐惧面孔为线索时,出现在有效提示位置的靶刺激激活了右外侧枕区,而靶刺激出现在无效提示位置时引起顶内沟和眶额皮层的激活,高兴面孔则不具备这样的提示效应。

有研究认为,对情绪性刺激的优先加工从很早就开始并可以持续几个加工阶段。总体来说,相比于中性图片,情绪性图片引起的注意更多,这表现在早期和晚期成分的波幅上(Carretie et al.，2001a，b，2004a，b;Conroy & Polich，2007;Delplanque et al.，2006a，b;Schupp et al.，1997，2000)。Carretie et al.(2001)要求被试注视正性、负性、中性的图片,但是完成与情绪无关的任务,结果表明,由负性图片引起的 P200 有更大的波幅和更短的潜伏期,进一步的相关分析表明,P200 的波幅而非潜伏期是和刺激的效价密切相关的,即与注意相关的 P200 的强度特征和情绪的负性偏向有关。同年,Carretie 等应用线索—靶子范式研究了注意和情绪的关系,他们分析了由刺激引起的 N280、由目标引起的 P200 以及 P340 三个与注意相关的成分,结果发现,N280 在前额叶较为明显,且对负性目标前的线索的波幅较小。这表明,正性刺激对引起与期望有关的注意的能力较强,由目标引起的 P200 以及 P340 的波幅在负性刺激和正性刺激上要比中性刺激的大,证明了情绪性信息可引起注意偏向。而 Schupp et al.（2000）利用序列呈现的方法随机呈现正性、负性和中性图片,结果发现,相对于中性图片,正性和负性图片都引起了更大的 LPP 波幅,而且高唤醒度的情绪性图片引起的 LPP 波幅比低唤醒度的情绪性图片引起的 LPP 的波幅大。结果支持情绪性图片可引起注意偏向。根据 Schupp 等人 2004 年的研究,在快速呈现的实验条件下同样发现由正性、负性图片引起的 LPP 的波幅要比中性图片引起的大。同年,Schupp 等发现当要求被试不对呈现的具有不同情绪性的面孔做任何反应时,由威胁性的面孔引起了一个更大的早期负成分,并且在加工的晚期,威胁性的面孔同样引起了一个更大的正成分。这表明,被试对威胁性的面孔进行了更多的认知加工。Cuthbert et al.（2000）发现相对于中性图片,情绪性图片可引起一个更大的晚期慢波,这一成分从图片呈现后 200～300 ms 后出现,到 1s 左右达到峰值,并可以持续将近 6s 的时间。这一成分和图片内容无关,但与图片的唤醒度有关并可以引起对图片的自主的反应。他们认为,这一晚期慢波显示了大脑对情绪性信息的选择性反应。Carretie et al.（2004）利用 oddball 范式研究了情绪性和非情绪性视觉信息对注意的自动捕获能力。他们发现,负性刺激的早期 P1 成分的波幅比正性和中性刺激的波幅大,表现出了负性刺激对注意的捕获,在稍晚的 P2 成分上,负性刺激也表现出了对注意的捕获,但是正性刺激同样表现出了对注意的捕获。因此他们认为,注意的捕获依赖于刺激的情绪性以及它们的生物意义上的重要性。但是情绪的效价和唤醒度对 ERP 的影响是不同的,效价对早期的成分（100～250 ms）影响大,唤醒度对晚期的成分（200～1 000 ms）影响大

(Codispoti et al.，2007；Olofsson & Polich，2007）。Delplanque et al.（2006)的研究利用 oddbal 范式,要求被试对一系列标准刺激中的靶刺激(情绪刺激)进行归类,即将情绪刺激归为不高兴的、中性的或者高兴的,检验了情绪和认知的关系。他们发现,由不同目标刺激引起的 P3a 和 P3b 成分出现了差异,表现为:由负性刺激引起的脑后部电极点上的 P3a 的波幅要比正性和中性刺激引起的要大,即表现出了情绪的负性偏向现象。但是 P3b 成分敏感于对刺激的唤醒度,表现为对情绪性刺激的波幅比中性刺激的波幅要大,并且在头前部的电极点上,由正性刺激引起的 P3b 的波幅要比负性刺激引起的波幅大。因此,情绪刺激的效价和唤醒度对认知加工的影响是不同的。唤醒度决定了注意资源投入情绪图片加工的多少。唤醒度高的图片的动力特征使得更多的注意资源投入到这类图片的加工中来。总起来说,情绪图片的效价引起了选择性注意,而由图片的动力特征决定的情绪的唤醒度使得更多的注意资源投入记忆的加工中（Dolcos & Cabeza，2002；Schupp et al.，2004 a,b）。

第二部分

实验研究

1 研究一 定位任务中情绪面孔图片的返回抑制

1.1 引言

返回抑制有助于注意脱离先前的注意位置转向新的空间位置,提高了注意在视觉空间中搜索的效率,使得人们有充足的时间对环境中的变化做出反应,反映了人类对复杂环境的进化适应性,被认为和人类的进化密切相关(Klein et al., 1999)。在动物进化过程中,优先选择和加工有生物学意义的刺激有利于个体生存,具有生物意义的视觉刺激尤其是具有社会意义的刺激在人类的发展和进化中非常重要,人类的进化很大程度上依赖于对社会性刺激的加工。人类面孔是颇具代表性的社会性刺激,在人类的日常交往和进化中扮演了重要的角色。既然返回抑制和人类的高效率的视觉搜索及适应性反应有关,那么是否具有生物意义的视觉刺激能够影响到返回抑制的发生呢?

Taylor 和 Therrien (2005)以非面孔、拼凑面孔和完整的中性面孔为线索或靶子进行了 IOR 的研究,结果发现不同条件下的 IOR 的效应量并无显著差异,因此他们认为 IOR 基本不受与生物学相关的线索或靶子的影响,是一种"盲目"机制;王丽丽等(2010)的研究也证实了 IOR 不受面孔方位显著性的影响。同时也有采用情绪面孔研究 IOR 现象的研究,他们发现不同情绪线索条件下的 IOR 效应量无显著差异,说明 IOR 非常稳定,不易受环境中刺激的生物学意义的影响(Lange,Heuer, Reinecke, Becker, & Rinck, 2008; Stoyanova,Pratt, & Anderson, 2007)。

而 Fox, Russo 和 Dutton (2002)发现与中性和高兴面孔相比,生气面孔为线索时,高特质焦虑被试的 IOR 效应量显著减少,这表明 IOR 受线索生物学意义的调节。Theeuwes 和 Van der Stigchel (2006)在经典的线索—靶子范式的基础上进行改造,在注视点两侧同时呈现中性面孔和日常用品(如电话)作为线索。结果发现只有面孔线索位置上引起了 IOR,表明不同生物学意义的线索对 IOR 的影响不同。Taylor 和 Therrien (2008)同样以拼凑面孔、非面孔和完整面孔为材料,要求被试对它们做辨别反应,结果发现不同条件下的 IOR 出现了差别,提示不同生物特性的靶子对 IOR 的影响不同。戴琴和冯正直(2009)以不同被试进行了情绪面孔的返回抑制的研究,探讨了抑郁对情绪面孔返回抑制能力的影响,结果发现抑郁患者对负性刺激的返回抑制能力不足,从而导致他们比正常人更多地体验到抑郁情绪,并致使抑郁持续和发展。邓晓红等(2010)以阈上和阈下不同情绪效价(高兴、生气和中性)的面孔为外源性线索,结果表明,线索情绪信息为阈上知觉时,都能观察到 IOR 并且 IOR 效应量不受情绪效价的影响,IOR 表现出对线索情绪信息的"盲性";而线索情绪信息为阈下知觉时,仅中性面孔为线索时出现 IOR,高兴和生气面孔为线索时未出现 IOR,不同情绪性的面孔表现出对 IOR 效应不同的调节作用。说明返回抑制在不同条件下受线索生物学意义的调节是不同的。

综合以上可以看到,关于 IOR 是否会受到具有生物意义的刺激的影响还没有达成一致的结论,而以往的研究大都是采用面孔简图为实验材料,但是面孔简图是否能真正代表具有生物意义的刺激呢? 我们不可而知。而且先前研究中的任务也各不相同。本研究采用线索—靶子范式,以标准化的带有情绪的真人面孔为实验材料,分别将不同情绪性的面孔作为线索和靶子呈现,要求被试做定位反应,与视觉搜索的自然特性更接近,系统验证 IOR 是否会受具有生物意义的视觉刺激的影响。

1.2 实验 1 情绪面孔图片为线索的返回抑制

实验 1 中将具有生物意义的不同情绪状态的面孔图片作为外源性线索,考察不同情绪性的线索是否会影响到 IOR。我们假设,以不同情绪的面孔图片作为线索,都可引起 IOR 现象,且正性、负性面孔图片可引起注意偏向从而导致 IOR 量增大。

1.2.1 实验设计

本实验采用 2(线索的有效性:有效线索,无效线索)×3(线索的情绪性:正性、负性、中性)的完全被试内设计,要求被试做定位反应,记录被试的准确率和反应时。

1.2.2 被试

选取大学在校生 20 名志愿者(9 男,11 女),年龄 20～25

岁(平均 22.7±1.2 岁)。被试无神经系统或精神疾病史,视力或矫正视力正常,均为右利手。所有被试先前均未参加过类似实验,实验后获得一定的实验报酬。

1.2.3 材料

选用中国化面孔情绪图片系统(CFAPS)中的情绪性面孔图片 90 张。中性、正性、负性面孔图片各 30 张。其中,中性选用的是平静的面孔;正性选用的是愉快的面孔;负性选用的是恐惧的面孔。如表 2-1 所示:

表 2-1　实验 1 所选面孔图片

情绪面孔	认同度	强度
正性(15 男,15 女)	>95.65%	5.31~6.18
负性(15 男,15 女)	>76.77%	5.38~6.44
中性(15 男,15 女)	>90.22%	5.33~6.18

方差分析结果表明三种图片的强度水平没有显著差异($F(2,87)=0.441, p=0.645$)。

实验采用 E-Prime 软件编程,在 DELL14 寸笔记本电脑屏幕上呈现,被试与电脑屏幕之间的距离为 56 cm。图片背景为黑色,实验中各个图片的大小分别为:注视点 0.5°(水平)×0.5°(垂直),面孔图片即方框 2.34°(水平)×3.36°(垂直),三个方框的视角范围为±5°。

1.2.4 实验程序

实验采用线索—靶子范式,线索—靶子之间的时间间隔

(SOA)在 1 000～1 100 ms 之间变化。要求被试做定位反应。实验程序如图 2-1 所示,每次测试开始,在计算机屏幕上都会出现三个方框,首先中间的方框中会出现一个"+",呈现 800 ms,要求被试注视这个"+",接着在左边或是右边的方框中会出现一个面孔 200 ms 后消失,300 ms 后中间的"+"被圆环代替,200 ms 后又变回"+",间隔 300～400 ms 后会在左边或右边的方框中出现一个圆环。要求被试判断最后一个圆环的位置。若出现在左边则按 f 键,若出现在右边则按 j 键。每次测试之间的间隔为 1 000 ms。

整个实验分为练习和正式实验两部分。练习中有 24 个测试,可循环进行直至被试明白实验程序并且正确率在 80%以上,则进入正式实验。正式实验分为 4 个组块,每个组块中有 90 个测试。不同情绪性面孔图片(各占 1/3),以及有效线索、无效线索(各占 1/2)均随机出现。被试可在各组块间进行适当休息。实验过程中,要求被试注视中心注视点。

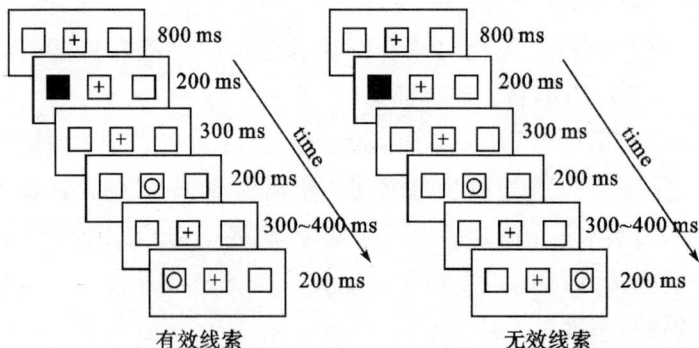

图 2-1　实验 1 流程图

1.2.5 实验结果

被试出现的错误率均低于 2%,因此不做进行进一步分析。对反应时结果剔除小于 100 ms 和大于 1 000 ms 的极端数据以及错误的数据,各种条件下的反应时的结果如表 2-2 所示。

表 2-2 被试对圆环做定位反应的反应时(M±SD)

线索有效性	正性线索	负性线索	中性线索
有效	361±19	363±18	361±19
无效	342±18	345±17	340±17
IOR	19	18	21

注:单位 ms;以下类同

对所有被试在各种条件下的正确反应时进行 2×3 的重复测量的方差分析,结果表明:线索有效性的主效应显著,$F(1,19)=19.96, p<0.01$,有效条件下的反应时($361±19$ ms)要长于无效条件下的反应时($342±17$ ms),即出现了 IOR 效应;线索的情绪性主效应不显著,$F(2,38)=1.147, p>0.05$,正性线索、负性线索、中性线索三种条件下的反应时没有差别($M_{正性线索}=351±18$ ms,$M_{负性线索}=354±18$ ms,$M_{中性线索}=351±18$ ms);线索的有效性和线索的情绪性之间的交互作用不显著,$F(2,38)=0.205, p>0.05$,即在不同情绪性线索条件下的 IOR 效应相同。

1.2.6 讨论

实验 1 中线索有效性主效应显著的结果可以说明 IOR 在不同情绪线索条件下都会出现,但是线索有效性和线索情绪

性交互作用不显著的结果又说明不同情绪的线索对返回抑制
没有产生影响。但是实验 1 中我们并没有发现线索情绪的主
效应,那么是否是因为被试没有注意到面孔的情绪从而导致
情绪面孔对 IOR 没有产生影响呢? 而且 IOR 是人类的一个
"搜索加速器"(Klein,1999),研究目标处的情绪面孔是否会
影响 IOR 是更具现实意义的。因此,在实验 2 中,我们将情绪
面孔置于目标位置,同样要求被试对目标做出定位反应。以
考察目标处的情绪面孔是否会影响到 IOR。

1.3 实验 2 情绪面孔图片为目标的返回抑制

在实验 1 中我们发现,不同情绪的线索不会影响到 IOR。
那么 IOR 会不会受不同情绪目标的影响呢? 为了验证这一
点,在实验 2 中我们将不同情绪的面孔图片作为目标,要求被
试对其做定位反应,考察不同情绪面孔图片作为目标时对
IOR 的影响。我们假设,当要求被试对情绪面孔目标做定位
反应时,虽然不要求被试对目标的性质做出判断,但注意会自
动地被呈现在目标位置的情绪面孔捕获,因此由情绪面孔引
起的 IOR 就会减小甚至消失。

1.3.1 实验设计

本实验采用 2(线索的有效性:有效线索,无效线索)×3
(目标的情绪性:正性、负性、中性)的完全被试内设计,要求被
试做定位反应,记录被试的准确率和反应时。

1.3.2 被试

选取大学在校生 20 名志愿者(9 男,11 女),年龄 20~25

岁(平均 22.8±1.2 岁)。被试无神经系统或精神疾病史,视力或矫正视力正常,均为右利手。所有被试先前均未参加过类似实验,实验后获得一定的实验报酬。

1.3.3　材料

同实验 1。

1.3.4　实验程序

实验采用线索—靶子范式,线索—靶子之间的时间间隔(SOA)在 1 000～1 100 ms 之间变化。要求被试做定位反应。实验程序如图 2-2 所示,每次测试开始,在计算机屏幕上都会出现三个方框,首先中间的方框中会出现一个"＋",呈现 800 ms,要求被试注视这个"＋",接着在左边或是右边的方框中会出现一个圆环 200 ms 后消失,300 ms 后中间的"＋"被圆环代替,200 ms 后又变回"＋",间隔 300～400 ms 后会在左边或右边的方框中出现一个面孔。要求被试判断面孔的位置。若出现在左边则按 f 键,若出现在右边则按 j 键。每次测试之间的间隔为 1 000 ms。

整个实验分为练习和正式实验两部分。练习中有 24 个测试,可循环进行直至被试明白实验程序并且正确率在 80%以上,则进入正式实验。正式实验分为 4 个组块,每个组块中有 90 个测试。不同情绪性面孔图片(各占 1/3),以及有效线索、无效线索(各占 1/2)均随机出现。被试可在各组块间进行适当的休息。实验过程中,要求被试注视中心注视点。

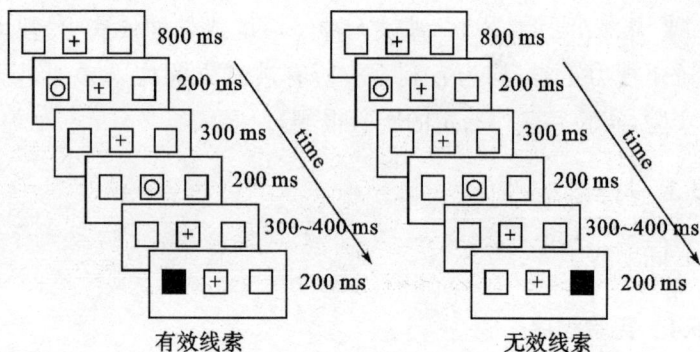

图 2-2　实验 2 流程图

1.3.5　实验结果

被试出现的错误率均低于 2％,因此对错误率不做进一步分析。对反应时剔除小于 100 ms 和大于 1 000 ms 的极端数据以及错误的数据,各种条件下的反应时的结果如表 2-3 所示。

表 2-3　被试对情绪面孔做定位反应的反应时(M±SD)

线索有效性	正性目标	负性目标	中性目标
有效	319±8	316±8	322±9
无效	297±8	297±8	296±8
IOR	22	19	26

对所有被试在各种条件下的正确反应时进行 2×3 的重复测量的方差分析,结果表明:线索有效性的主效应显著, $F(1,19)=45.08, p<0.01$,有效条件下的反应时(319±8 ms)长于无效条件下的反应时(296±7 ms),即出现了 IOR 效应;目标的情绪性主效应不显著, $F(2,38)=1.87, p>0.05$,正性

目标、负性目标、中性目标三种条件下的反应时没有差 ($M_{正性目标}=308\pm8$ ms, $M_{负性目标}=306\pm8$ ms, $M_{中性目标}=309\pm8$ ms);线索的有效性和目标的情绪性之间的交互作用显著, $F(2,38)=3.65, p<0.05$, 进一步的简单效应分析发现, 有效条件下对中性面孔的反应时(322 ± 9 ms)比对正性面孔 (319 ± 9 ms)和负性面孔的反应时(316 ± 8 ms)更长。

1.3.6 讨论

实验 2 中,我们将情绪面孔置于目标位置,要求被试对情绪面孔的位置做出判断,结果发现线索有效性主效应显著,即 IOR 在不同情绪目标情况小都出现了,虽然实验 2 中仍然没有发现情绪的主效应,但是发现了线索有效性与目标情绪性的交互作用,表现为中性面孔的 IOR 量更大,也就是说目标的情绪性内隐的影响到了 IOR。那么当面孔的情绪性被个体清晰的感知时,情况又是如何呢? 因此在接下来的实验中,我们将情绪面孔置于目标位置并要求被试直接对面孔的情绪性做出判断,以此来研究情绪面孔在被清晰感知时对 IOR 的影响。

2 研究二 辨别任务中情绪面孔图片的返回抑制

2.1 引言

我们在研究一中发现,以情绪面孔作为线索和目标对返回抑制的影响是不同的,情绪面孔为线索时,对返回抑制是没有影响的,但是当要求被试对出现在目标位置的情绪面孔做定位反应时,不同条件下的返回抑制发生了变化。那么当要求被试对出现在目标位置的情绪面孔做进一步的加工,即对情绪面孔做辨别反应时,情况又是如何呢?

Taylor 和 Therrien(2008)以非面孔、混乱五官面孔和拼凑五官面孔简单图形为材料,要求被试对它们做辨别反应,结果发现不同条件下的 IOR 出现了差别,提示不同生物特性的目标对 IOR 的影响不同。但是由于他们实验中的材料单由五官组成,不是真实的面孔,无任何情绪性,且三者的性质不同,尤其非面孔的目标刺激比较突兀,引起被试的注意较多,导致了被试对非面孔目标刺激的 IOR 量的减少。所以他们实验中 IOR 的差别不能单纯地解释为由目标的生物特性所导致。另外,Taylor 等的研究是行为实验,所考察的反应时和错误率也不易于清楚地考察 IOR 的发生机制。而且关于 IOR 的产生机制问题当前还没有一致的结论。我们在研究二中就要对以上两个问题进行探索。

关于 IOR 的产生机制,目前主要存在着两个对立的假说:注意抑制说和反应抑制说。前者认为 IOR 源于注意受到抑制,后者认为 IOR 源于反应受到抑制。与此同时,也有学者提出从激活的靶子的知觉表征与反应的联系来看待 IOR 的机制(王甦,陈素芬,2000)以及注意动量说(attentional momentum)(Pratt & Abrams,1995;罗琬华,曾敏,李凌,2003),认为 IOR 可看作一种注意的重新定向过程。

IOR 的注意抑制说由 Posner 等(1985)提出,认为 IOR 是由选择性注意过程对先前曾注意过的位置的抑制引起的。具体地说,在 IOR 的产生过程中,注意首先被自动地吸引到线索化位置,在短的 SOA 情况下,对线索化位置的反应会比对非线索化位置的反应快。但是如果间隔一段时间之后,在线索化位置没有出现目标,注意就会从线索化位置转移到其他位置,从而对线索化位置形成了抑制,因此当目标出现在线索化位置时对其加工就会变慢。后续的一些研究支持了 IOR 的注意抑制说,他们大都从操控影响注意的因素入手来观察 IOR 的变化,如果 IOR 随影响注意的因素变化,那么就认为 IOR 是一种和注意相关的抑制(Maylor,1985;Pratt et al.,1995;Snyder et al.,2001;钞秋玲等,2007)。尽管这些实验结果也不尽一致,但它们都表明 IOR 是和注意相关的抑制,认为 IOR 的产生是由与感知觉过程相联系的加工受阻引起的。

与注意抑制不同,也有许多学者提出 IOR 是由与反应相关过程(反应选择、反应执行)的抑制引起的(Godijn & Theeuwes,2002;Klein & Talyor,1994;Talyor & Klein,1998;Tassinari et al.,1987)。Klein 和 Taylor(1994)提出 IOR 是由对出现在先前注意过的位置上目标的"不情愿反应"引起的,是由运动执行系统引发的。而 Ivanoff 和 Klein(2001)发现在 Go/No-go 任务中,被试在有效线索(即 IOR 条件)下 No-go 的错误率要比无效线索下 No-go 的错误率高,这一结果表明 IOR 可能是由于对有效线索下的反应标准更保守引起的。Prime 和 Jolicoeur(2009)也发现在 Go/No-go 任务中对无效线索位置的反应偏向会影响到 IOR。以上研究结果认为,与反应有关的抑制可以发生在多个阶段,IOR 可能是由于反应处理或执行过程受到抑制引起的,也可能是由于反应选择和反应发起过程受到抑制而引起。虽然就 IOR 发生在反应的哪个阶段还没有达成一致的意见,但是这些研究者们都认为 IOR 是和反应相关的一种抑制。Taylor(2008)利用面孔作为目标刺激对 IOR 进行了研究,结果发现当要求被试对面孔做出辨别反应时,被试对面孔和非面孔的 IOR 量出现了差异。由此,他们也认为 IOR 是与反应有关的抑制而非注意的抑制。

目前关于 IOR 的机制是注意抑制还是与反应相关的抑制各有论据,因此有学者提出 IOR 可能是由多种机制引起的 (Kingstone & Pratt,1999;Taylor & Klein,2000)。从 IOR 的发现至今,其认知神经机制一直备受争议,其中一个原因就是:行为实验的结果可能反映了多个加工过程,因而很难确定到底是哪一个过程的抑制引起了 IOR 的发生。事件相关电位 (event-related potentials,ERPs)直接反映了神经的电活动,它将刺激事件、心理反应和脑电活动有机地联系起来,可以记录与刺激或反应时间锁定密切的脑电波,从而确定哪个阶段的抑制引发了 IOR。这为深入研究 IOR 的机制提供了可能性,可以清楚地分析在视觉搜索过程中注意对信息选择的重要作用。

目前利用 ERP 技术所做的 IOR 研究还不多,大部分研究通过早期 ERPs 成分的变化来考察 IOR 的机制。但所得结果却不尽一致 (Chica & Lupiáñez,2009;罗琬华等,2003;McDonald,Hickey,Green,& Whitman et al.,2009;Meinke et al.,2006;Pastötter,Hanslmayr,& Bäuml,2008;Prime,2006;Tian & Yao,2008;王丽丽,邱江等,2008)。因此有必要对此做进一步深入的研究。

本研究采用线索—靶子范式,以标准化的带有情绪的真人面孔为实验材料,分别将不同情绪性的面孔作为靶子呈现,要求被试做辨别反应,与视觉搜索的自然特性更接近。本研究中选用的标准化的带有正性、负性、中性情绪的真人面孔图片作为材料,刺激材料同属一类,有效地避免了 Taylor 等人研究中非真实面孔材料的混淆问题,可以就生物意义的目标刺激反应与 IOR 的关系进行有效的研究,利用 ERP 技术可对 IOR 的生理机制做深入探讨。

我们认为 IOR 作为一个人类进化机制在搜索过程中即发生(Klein, MacInnes, 1999),因此假设:不管目标刺激是正性、负性还是中性面孔都会出现 IOR;另外,情绪偏向是人类进化而来的具有适应意义的一种稳定的机制(Lang, 1995),它涉及心理和行为的复杂加工过程,不会受到 IOR 研究范式的影响,即相比中性情绪刺激,对正性、负性面孔的情绪偏向在 IOR 范式条件下仍会出现;而且由于 IOR 是一种自下而上的反射性行为(Stoyanova, Pratt, & Anderson, 2007),而被试对出现在目标处的情绪面孔做辨别反应是一种自上而下的加工,两者的神经通路是分离的。因此在辨别任务中,情绪面孔对 IOR 不会产生影响。

2.2 研究方法

2.2.1 被试

在校大学生 16 名(7 男,9 女),年龄 21～26 岁(平均 23.9±1.2岁)。被试无神经系统或精神疾病史,视力或矫正视力正常,均为右利手。所有被试先前均未参加过类似实验,实验后获得一定的实验报酬。

2.2.2 实验材料

选用中国化面孔情绪图片系统(CFAPS)(白露,马慧,黄宇霞,罗跃嘉,2005)中的情绪性面孔图片 120 张。正性、中性、负性面孔图片各 40 张。其中,正性选用的是愉快的面孔;负性选用的是恐惧的面孔;中性选用的是平静的面孔。如表 2-4 所示:

表 2-4　研究二所选面孔图片

情绪面孔	认同度	强度
正性(20 男,20 女)	>95.65%	5.21~7.02
负性(20 男,20 女)	>76.77%	5.38~6.44
中性(20 男,20 女)	>90.22%	5.33~6.18

Oneway 方差分析结果表明三种图片的强度水平没有显著差异,$F(2,117)=0.819,p=0.443$。

2.2.3　实验程序

实验采用 2(线索的有效性:有效线索、无效线索)×3(目标刺激的情绪性:正性、负性、中性)的被试内设计。

首先向被试解说脑电实验的原理,消除其紧张心理。被试阅读并签署知情同意书。实验在隔音电磁屏蔽房间里进行,被试与电脑屏幕之间的距离为 75 cm。

实验刺激在电脑屏幕上呈现,图片背景为黑色,实验中各个图片的大小分别为:注视点 0.5°(水平)×0.5°(垂直),面孔图片即方框 2.34°(水平)×3.36°(垂直),三个方框的视角范围为±5°。

实验采用线索—靶子范式,线索—靶子之间的时间间隔(SOA)在 1 000~1 100 ms 之间变化。要求被试做辨别反应。

实验程序如图 2-3 所示,每次测试开始,在计算机屏幕上都会出现三个方框,中间的方框中有一个"＋",要求被试注视这个"＋",800 ms 后在左边或是右边的方框中会出现一个圆环 200 ms 后消失,300 ms 后中间的"＋"被圆环代替,200 ms 后又变回"＋",间隔 300～400 ms 后会在左边或右边的方框中出现一个面孔。要求被试判断面孔的情绪性。负性的按 f 键,中性的按 j 键。反应键在被试间进行匹配。每次测试之间的间隔为 1 000 ms。

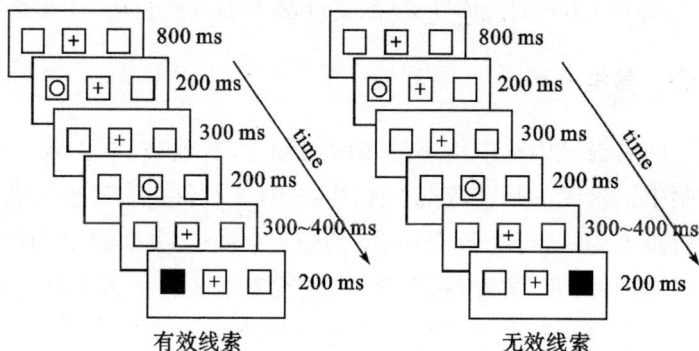

图 2-3　实验流程图

整个实验分为练习和正式实验两部分。练习中有 24 个测试,可循环进行直至被试明白实验程序并且正确率在 80％以上,则进入正式实验。正式实验分为 4 个组块,每个组块中有 120 个测试。不同情绪性面孔图片(各占 1/3),以及有效线索、无效线索(各占 1/2)均随机出现。每个组块后被试休息三分钟。在实验过程中,要求被试注视中心注视点,被试可以自由眨眼但是尽量不要有皱眉、吞咽等动作。

2.2.4 数据采集

实验采用 E-Prime 软件编程,记录被试的反应时和正确率,采用根据国际 10～20 系统扩展的 64 导电极帽,以 Neuroscan ERP 工作站记录 EEG 信号。头皮阻抗小于 5 KΩ,以左右乳突的平均作为参考。水平眼电(HEOG)与垂直眼电(VEOG)均为双极记录,水平眼电电极分别置于左右眼外眦,垂直眼电电极置于左眼眶上下各 1 cm 的正中位置。滤波带通为 0.05～100 Hz,连续采样,采样频率为 500 Hz。

2.2.5 数据分析

两名被试因脑电伪迹过多而被剔除,有效被试 14 名。对实验中记录到的脑电数据首先用 scan4.3 软件进行离线分析,分析步骤为:与行为数据融合、预览、转参考、去除眼电、脑电分段、基线校正、去除伪迹、平均、再次基线校正。根据被试眼动的大小自动矫正眼动伪迹并充分排除其他伪迹,且波幅超过 $\pm 80 \ \mu V$ 者视为伪迹被剔除。根据总平均图与参考文献确定 ERP 各成分的时间窗口分别为:P1:80～110 ms;N1:110～140 ms;N170:140～180 ms。选择 Po5、Po6、O1、O2、Poz、Oz 共 6 个电极点统计分布于枕叶的成分(P1,N1);选择 P7、P8 两个电极点统计分布于颞枕区的成分(N170)。采用 SPSS11.5 for Windows 对实验中得到的行为数据以及 ERPs 波形的测量指标数据进行重复测量的方差分析。

2.3 结果

2.3.1 行为数据结果

各种条件下错误率如表 2-5 所示,正确反应时如表 2-6 所示。对记录到的被试的反应时,首先去除小于 100 ms 和大于 1 000 ms 的极端数据、正负 3 个标准差外的数据和错误数据,对所有被试在各种条件下的错误率和正确反应时进行重复测量的方差分析。

表 2-5   被试对情绪面孔做辨别反应的错误率(M±SD)

线索有效性	正性情绪	负性情绪	中性情绪
有效线索	0.6±0.2	4.7±0.6	3.8±0.7
无效线索	0.4±0.1	4.0±0.6	2.5±0.4
IOR 量	0.2	0.7	1.3

注:单位%

对错误率的方差分析结果显示:错误率在线索有效性上的主效应显著($F_{(1,13)}=12.00, p<0.01$),有效线索下的错误率($0.030±0.003$)高于无效线索下的错误率($0.022±0.002$);在目标刺激情绪性上的主效应显著($F_{(2,26)}=13.80, p<0.01$),正性目标上的错误率($0.005±0.002$)比负性($0.042±0.006$)和中性目标上的错误率($0.031±0.006$)都要低,但是负性和中性目标上的错误率没有差异。线索有效性和目标情绪性的交互作用不显著。

表 2-6　被试对情绪面孔做辨别反应的反应时(M±SD)

线索有效性	正性情绪性	负性情绪	中性情绪
有效线索	641±21	706±22	748±20
无效线索	603±22	674±22	713±21
IOR	38	32	35

注:单位%

对正确反应时的方差分析结果显示:反应时在线索有效性上主效应显著($F(1,13)=32.18,p<0.01$),有效线索条件下的反应时($702±22$ ms)长于无效线索条件下的反应时($669±22$ ms);在目标刺激情绪性上的主效应也显著($F(2,26)=27.97,p<0.01$),正性面孔的反应时($629±22$ ms)短于负性面孔的反应时($694±24$ ms)短于中性面孔的反应时($733±23$ ms)。但交互作用不显著。

2.3.2　ERP 结果

2.3.2.1　单侧化运动准备电位(LRP)

单侧化准备电位(LRP)是指在随意运动中,反应效应器方位所对应的对侧大脑皮层出现的准备电位,它可以揭示刺激—反应不同阶段的认知加工时间特性。LRP 分析的关键是确定启动时间点(即始潜伏期),本实验中 LRP 的启动时间点是指 LRP 波形中第一个超过 ERP 波形振幅峰值与 30%的乘积大小的点。LRP 作为反应准备的一个"在线"(online)标志,可以区分为刺激锁时 LRP 和反应锁时 LRP。刺激出现和LRP 出现的时间间隔定义为刺激锁时 LRP (S-LRP),LRP 的

出现和反应动作完成之间的间隔为反应锁时 LRP（LRP-R）
（陈立翰，2008）。

  本实验选择 C3、C4 两点计算 LRP。对 S-LRP，以面孔图
片呈现为叠加零点，分析窗口设为－200 ms 至 1 000 ms，以刺
激前 200 ms 为基线，数字滤波设置为低通 30 Hz（48 dB/oct），
对被试的脑电活动进行叠加平均，得到有效线索、无效线索两
种条件下与刺激锁时的 LRP 如图 2-4 所示。

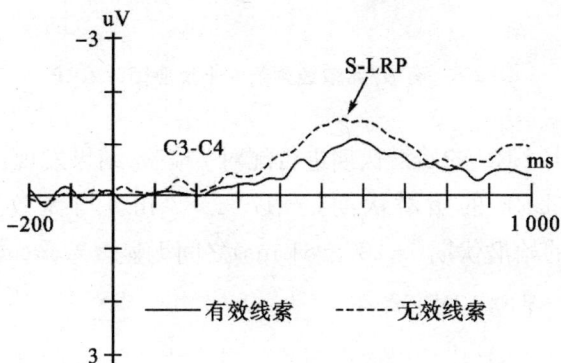

图 2-4　有效/无效线索条件下刺激锁时 LRP

  对 S-LRP 的始潜伏期进行配对 t 检验，结果发现：有效线
索、无效线索两种条件下 S-LRP 的始潜伏期存在显著差异
（$t(13)=2.20, p<0.05$），表现为有效线索下 S-LRP 的始潜伏期
（502 ± 118 ms）比无效线索下 S-LRP 的始潜伏期（425 ± 92 ms）长。

  对 R-LRP，以反应为零点开始叠加，分析窗口设为－900 ms
至 100 ms，以－900 ms 到－700 ms 为基线。数字滤波设置为
低通 30 Hz（48 dB/oct），对被试的脑电活动进行叠加平均，得
到有效线索、无效线索两种条件下反应锁时的 LRP 如图 2-5
所示。

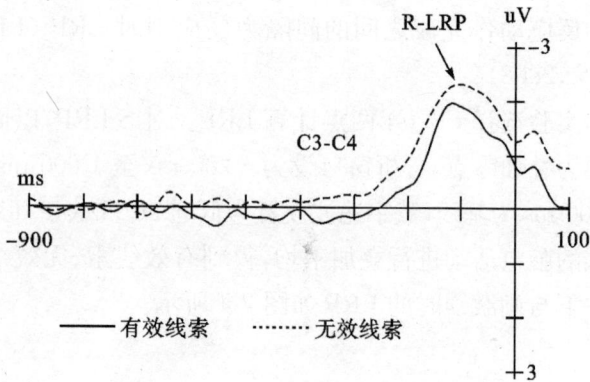

图 2-5 有效/无效线索条件下反应锁时 LRP

对 R-LRP 的始潜伏期进行配对 t 检验,结果发现:有效线索下 R-LRP 的始潜伏期(－175±88 ms)与无效线索下 R-LRP的始潜伏期(－207±81 ms)之间无显著差异。

2.3.2.2 早期 ERPs 成分

早期 ERP 成分以面孔图片的呈现为叠加零点,分析窗口设为－200 ms 到 400 ms,以刺激前 200 ms 为基线,数字滤波设置为低通 30 Hz (24 dB/oct)。对面孔图片呈现后的脑电活动进行叠加平均,得到有效线索正性目标、有效线索负性目标、有效线索中性目标、无效线索正性目标、无效线索负性目标、无效线索中性目标 6 种波形。

结果发现:早期成分 P1 的波幅在线索有效性上主效应显著($F(1,13)=6.70, p<0.05$),有效线索条件下的波幅(0.564 uV±0.304)比无效线索条件下的(1.047 uV±0.261)小;在电极点上主效应显著($F(5,65)=5.15, p<0.01$),点 Oz (0.893 uV±0.291)、O1 (1.011 uV±0.310)上的波幅比

O2 (0.546 uV±0.288)上的波幅大,点 Poz (1.006 uV±0.313)、Po5 (0.925 uV±0.277)上的波幅比 Po6 (0.450 uV±0.220)上的波幅大,在目标刺激情绪性上的主效应以及交互作用均不显著。早期成分 N1 的波幅在线索有效性上主效应显著 ($F(1,13)=9.06, p<0.05$),有效线索条件下的波幅(-1.152 uV±0.394)比无效线索条件下的(-0.294 uV±0.239)大;在电极点上主效应显著($F(5,65)=2.78, p<0.05$),Poz 点上的波幅(-0.490 uV±0.355)比 O2(-0.873 uV±0.274)上的波幅小;O1 上的波幅(-0.630 uV±0.299)比 Po5 上的波幅(-0.945 uV±0.259)小;在目标刺激情绪性上的主效应以及交互作用均不显著。如图 2-6 所示。

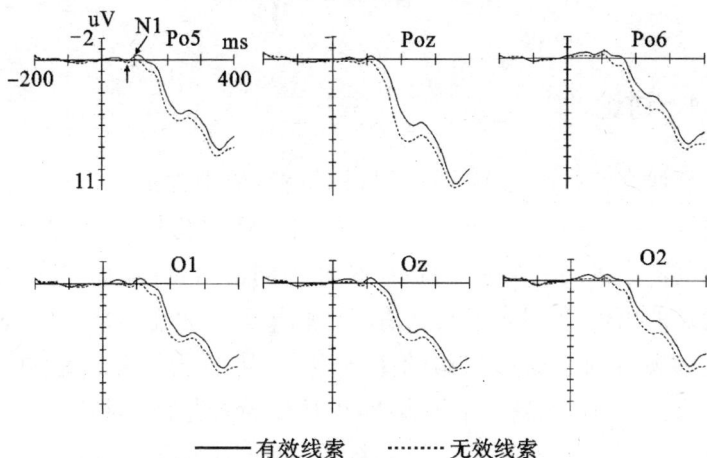

——— 有效线索　　……… 无效线索

图 2-6　有效/无效线索条件下的 P1、N1

N170 的波幅在目标刺激情绪性上主效应显著($F(2,26)=3.59, p<0.05$),正性目标(-2.282 uV±0.362)和负性目标(-2.332 uV±0.404)条件下比中性目标条件下(-1.912 uV

±0.388)大;在线索有效性及电极点上的主效应以及交互作用均不显著。如图 2-7 所示。

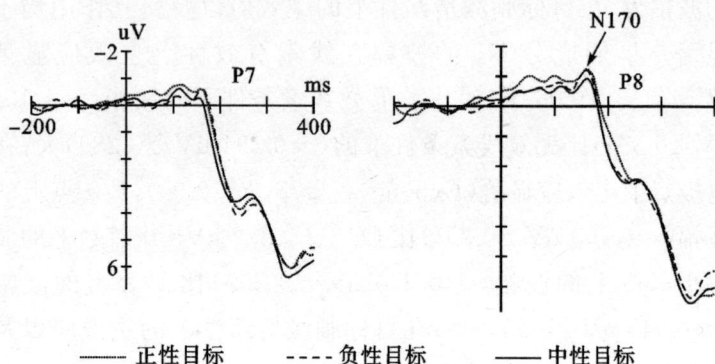

—— 正性目标　　---- 负性目标　　—— 中性目标

图 2-7　各种条件下的 N170

2.4　讨论

　　研究二将面孔图片置于目标位置,要求被试对目标的情绪性做出判断,利用 ERPs 技术探讨情绪面孔与 IOR 的关系及其产生机制。结果发现:IOR 在不同情绪目标的情况下都稳定的出现,但是虽然被试清晰地感知到了面孔的情绪性,表现为观察到了面孔情绪的主效应,情绪面孔却没有影响到 IOR。我们认为这一结果表明:IOR 作为人类的一种适应机制是非常稳定的,但对情绪的判断是一种自上而下的过程,所以当要求被试对面孔的情绪做出判断时,面孔情绪并不能影响到 IOR。

总讨论

本研究采用不同情绪性面孔作为刺激材料,探讨具有生物意义的情绪面孔与返回抑制的关系。在研究一中发现,不同情绪的面孔作为线索和目标时都出现了返回抑制,表现出了返回抑制现象的稳定性。在情绪面孔作为线索时没有出现交互作用,但在目标处呈现情绪面孔时出现了交互作用,表现为对中性面孔的 IOR 更大。即 IOR 没有受到线索情绪性的影响,但受到了目标情绪性的影响。

Taylor 和 Therrien (2005,2008)以完整面孔、打乱面孔、非面孔为线索和目标,发现线索性质和目标性质的主效应均显著,但实验一中线索性质的主效应是不显著的。我们认为,由于实验一中要求被试对目标做定位反应,而情绪面孔图片出现在线索位置,我们在指导语中又要求被试在实验过程中注视中心的注视点,因此线索的性质没有影响到被试的反应速度。

Taylor 和 Therrien (2005)采用不同类型的中性面孔(完整面孔、打乱面孔、非面孔)作为线索,发现返回抑制量并未受到面孔结构的影响。因此 Taylor 等人认为,返回抑制的产生不受线索生物学意义显著性的影响,提出返回抑制是一种"盲目(blind)"的机制。但他们同时也认为,由于完整面孔是中性的、不带情绪的,是对人类没有威胁性的,所以完整面孔与打乱面孔、非面孔是没有本质差别的。在我们的实验中采用与人类的生存密切相关的具有正性、负性、中性面部表情的真人面孔作为实验材料,实现了刺激材料之间的差异性。我们也得到了与Taylor等人(2005)实验一中一致的结果,进一步验证了,返回抑制是一种"盲目"机制,不会受到不同情绪面孔线索的影响。但与我们的实验结果不同,Fox,Russo和Dutton(2002)发现,与中性和高兴面孔相比,生气面孔为线索时,IOR效应量显著减少,但这种情况只出现在高特质焦虑被试身上。他们将这一现象解释为高特质焦虑被试对威胁相关性刺激的注意难以解除因而导致了当以生气面孔为线索时,IOR效应减小。我们实验中的被试是在校大学生,其焦虑水平相对较低,所以不同情绪性面孔的线索对IOR效应没有产生影响,表现出了其不受生物学意义线索的影响的特性。因此从这一角度看,我们的结果与Fox等人的研究结果是一致的。

我们在实验2中发现了线索有效性和目标情绪性的交互作用,表现为在有效条件下对中性面孔目标的反应时更长,即对中性面孔的IOR更大。同样,Taylor和Therrien(2005)在实验2中以不同类型的中性面孔(完整面孔、打乱面孔)作为目标时,虽然也在一部分被试身上发现了线索和目标性质的交互作用,但是他们在实验3中引入非面孔验证了实验2中的交互作用是不稳定的,不能解释为目标的性质影响了IOR,因此他们认为目标的性质也是不能影响到IOR的。我们认为本实验中发现的线索有效性和目标情绪性的交互作用可以利用情绪的注意偏向来解释,由于个体对情绪性的面孔可产生注意偏向,即情绪面孔能够引起注意偏向从而导致心理加工和行为反应的优先效应(Adolphs,2002;Anderson, et al,2003;Anderson & Phelps,2001;Halgren, et al.,2000;黄宇霞,罗跃嘉,2009；Kawasaki，et al.，2001)。所以当情绪面孔出现时,个体的注意被情绪面孔优先捕捉到,从而导致了对情绪面孔目标的定位反应加快,即引起了对情绪面孔的 IOR 量的减小。但是我们在实验中并没有发现目标情绪性的主效应,即被试对不同的情绪面孔的反应时是没有差别的。我们认为由于实验中并未要求被试对目标的性质做出判断,而只是判断目标出现的位置,因此目标性质的主效应不显著,也就是说明情绪面孔并没有唤起被试相应的情绪体验从而引起明显的情绪注意偏向,但是不同面孔情绪对 IOR 的不同影响又同时说明面孔的情绪在一定程度上内隐地影响了 IOR。由于情绪面孔在没有被有效识别出来时内隐地影响了 IOR,也就是说出现在目标位置上情绪面孔对注意的不同影响造成了不同情绪面孔下 IOR 的不同。那么我们可以推测,IOR 的产生机制是对出现在先前线索化位置的目标的注意抑制。因此,当线索化位置的目标可自动捕获注意时,其 IOR 就变小了。

我们认为返回抑制是人类的一种适应机制,有助于注意脱离先前的注意位置转向新的空间位置,提高视觉搜索的效率,它作为一个人类进化机制应在搜索过程中即发生,不会受到线索性质的影响,即不管起线索化作用的刺激是什么性质,都不会影响到 IOR 作为适应机制的发生过程。但是当不同性质的目标出现时,特别是具有情绪性的目标(正性、负性面孔),他们对人类的生存具有重要意义,个体对他们的敏感性很高,注意会很快地被吸引到目标位置,当要求被试对目标进行定位反应时,就会削弱 IOR。即表现为对情绪面孔目标的 IOR 减小。

研究二中,我们以真人情绪面孔作为 IOR 中的目标刺激,要求被试对目标做出辨别反应,采用 ERPs 技术进行实验研究,结果发现,不管是以正性、负性还是中性面孔为目标,都观察到了 IOR 现象,且情绪偏向没有受到 IOR 实验范式的影响,表现为对正性、负性的反应时更短,在正性、负性面孔上 N170 的波幅也更大,但是目标的情绪性与线索有效性之间没有出现交互作用,即在辨别任务中,面孔的情绪性没有影响到 IOR 的产生。

Talyor 和 Therrien (2008)应用 IOR 范式,以面孔五官图和非面孔拼凑图形做目标刺激,要求被试对目标刺激进行辨别反应,结果在面孔和非面孔目标刺激上都发现了 IOR 现象,但是两者的 IOR 量有显著差异,表现为对面孔图形的 IOR 量更大。他们认为出现这一结果的原因是被试对出现在线索化位置上的面孔图进行了更多的加工而引起比非面孔图的反应时增长,从而导致了对面孔的 IOR 量的增大,即 IOR 可因目标刺激性质的不同而不同。由此,他们认为 IOR 是一个与反应有关的抑制。在我们的实验中,从行为数据的结果看,在反应的错误率上,有效线索条件下的错误率比无效线索条件下高,出现了 IOR;在反应时上,正性面孔的反应时最短,中性面孔的反应快最长,但无论是正性面孔、负性面孔还是中性面孔,有效线索条件下的反应时都比无效线索条件下的长,即辨别正性、负性和中性面孔时都出现了 IOR,且正性、负性和中性面孔的 IOR 量没有差异,即 IOR 没有受到目标性质的影响,这与 Talyor 等的研究结果不一致。根据当前的研究结果,我们认为,Talyor 等人的研究中将面孔和非面孔的拼凑图形作为实验材料,可能由于两者的性质不同,尤其非面孔的目标刺激比较突兀,引起被试的注意较多,导致了被试对非面孔目

第三部分
总讨论

标刺激的 IOR 量的减少,而不是因为对面孔的加工较多而引起了 IOR 量的增加。当前实验中所选的目标刺激材料是真人情绪面孔,属代表性的具有社会意义的刺激。行为实验的结果发现在正性、负性和中性情绪面孔目标上都出现了 IOR,线索有效性和目标刺激情绪性交互作用不显著的结果说明 IOR 的出现没有受到目标情绪性的影响。从反应时上看,正性面孔和负性面孔的反应时比中性面孔显著较短,出现了情绪偏向。那么,IOR 到底是发生于认知加工早期的注意阶段还是晚期的反应阶段? IOR 是如何影响情绪信息加工时程的? 行为实验的指标还无法对此进行清楚地考察和解释。

为进一步考察 IOR 的发生机制及其与情绪性刺激加工的关系,本研究采用 ERPs 技术对情绪性面孔图片的 IOR 进行研究,尝试通过单侧化运动准备电位(lateralized readiness potential,LRP)与早期的 ERPs 视觉成分 P1、N1 来共同揭示其机制。

在心理实验中,如果一个给定的实验操纵条件只影响到反应准备之前的加工,那么在反应较慢的条件下,只有在产生 LRP 的心理加工之前的那些认知加工被延长了,刺激锁时 LRP 将出现较晚,而反应锁时 LRP 的出现时间保持不变。相反,如果实验操纵影响到动作输出的加工,这时反应准备将会有相对延长的时程,即反应锁时 LRP 会被"拉长",而刺激锁时 LRP 在不同实验条件下会有相同的启动时间(陈立翰,2008)。因此,基于刺激锁时和反应锁时 LRP 波形启动时间的计算,就能够提供认知和反应加工过程的时程信息,从而确定 IOR 发生在哪个阶段。从本实验的结果看,有效线索条件下 S-LRP 的始潜伏期(495±116 ms)比无效线索条件下 S-LRP

149

的始潜伏期(411±107 ms)长;有效线索条件下 R-LRP 的始潜伏期(−166±86 ms)与无效线索条件下 R-LRP 的始潜伏期(−199±81 ms)之间无显著差异。也就是说,IOR 只影响到了反应准备之前的加工而没有影响到动作输出的加工。表明 IOR 的产生是和反应之前的阶段相关联的,与反应过程关系不大。这与 Prime 等(2006)的研究结果是一致的,他们也认为 LRP 的这一变化趋势说明了 IOR 是由反应之前的抑制导致的,和反应过程关系不大。

另外,研究二还发现了 P1、N1 两种早期成分在 IOR 范式中有效、无效线索两种条件下的分化。P1、N1 是视觉注意研究中两个典型的 ERPs 成分,采用 ERPs 对 IOR 进行考察以来,很多研究都发现了 P1、N1 在 IOR 中的差异。因此,研究者们认为 IOR 研究中 P1、N1 的变化可作为 IOR 是由注意抑制引起的一个证据(McDonald, Ward, & Kiehl, 1999; Prime & D. J., 2006)。由于实验任务的不同,这些研究中 P1、N1 的结果也有所不同,但他们都认为 IOR 是由与注意有关的抑制引起的。例如,有研究者认为 N1 的效应只有在要求被试作辨别任务时才会出现(Vogel & Luck, 2000)。McDonald 等人(1999)发现在定位任务的 IOR 中,有效线索条件下 P1 的波幅显著小于无效线索条件下的波幅;相反,Hopfinger 和 Mangum(2001)在研究中虽然检测到了 IOR 的存在,但是却并没有发现 P1 效应;Prime(2006)在研究中利用 ERPs 技术对辨别任务下的 IOR 进行了实验研究,结果表明 P1、N1 在 IOR 条件下都减小了。本实验中,要求被试对目标作辨别反应,发现相对于无效线索条件,有效条件下的 P1 波幅更小,N1 波幅更大。我们认为 P1、N1 的这种变化体现了 IOR 过程中注意的作用，与上述研究结果是一致的。

也有研究者虽然发现了 IOR 中早期成分的变化，但他们并不赞成 IOR 的注意抑制说。王丽丽，邱江等（2008）采用 ERPs 技术探讨了辨别任务中 IOR 的脑内时程变化，结果发现在 IOR 中 P1 波幅没有变化，N1 波幅明显减小。他们认为 N1 波幅的变化可能与辨别任务有关，而且 IOR 至少在一定程度上来源于与反应相关的抑制，支持 IOR 的反应抑制说。根据研究二的结果，我们认为他们关于 N1 波幅变化可能与辨别任务有关的说法是有一定道理的，但是 N1 是一个注意成分，辨别任务中 N1 成分的差异还不足以能够作为 IOR 来源于反应相关抑制的证据。罗琬华等（2003）对觉察任务下 IOR 对应的 ERPs 变化进行了实验研究，结果同时发现了 P1 与 N1 在有效/无效线索条件下的差异，表现为：出现 IOR 效应时，枕部电极有效线索条件下的 P1 幅值小于无效线索条件下的 P1 幅值，而 N1 幅值却变大。这提示 N1 成分并不一定是辨别任务中独有的与 IOR 相关的成分。本研究使用真人情绪面孔图片作为目标刺激，要求被试对其作辨别反应，结果发现了早期成分 P1、N1 的分化，得到了与罗琬华等（2003）研究中一致的结果。他们认为 IOR 可以用注意动量惯性来解释，注意动量是有强度有方向可以流动的，且具有惯性，要改变注意动量流动的惯性需要脑神经的作用。与注意动量流惯性方向一致的作用称为促进，与注意动量流惯性方向相反的作用称为抑制。P1 和 N1 的变化就体现了这种电生理作用。产生易化或者 IOR 主要由注意动量流的惯性控制。IOR 是对注意动量流惯性的抑制。P1 表征促进注意动量流的惯性，N1 表征抑制注意动量流的惯性。当前实验在 P1、N1 上同样发现了这种效应。

表明了 IOR 现象中注意动量的作用,是对 Pratt (1995)提出的 IOR 的"注意动量说"的继承和发展。

我们在研究二还发现了 N170 在正性、负性和中性情绪面孔上波幅的变化。N170 是与面孔加工有关的一个特异的脑电成分,不同情绪性面孔的 N170 是否有差异是一个存在争议的问题。本研究中发现正性情绪面孔图片和负性情绪面孔图片引起了更大的 N170 波幅,表现出了情绪偏向。当前,很多研究都表明负性情绪是和人类生存密切相关的,是具有显著生物意义的视觉刺激,能够引起注意偏向从而导致心理加工和行为反应的优先效应,即情绪的负性偏向现象(Hansen & Hansen, 1988; Pourtois, Grandjean, Sander, & Vuilleumier, 2004; Pourtois, Schwartz, Seghier, Lazeyras, & Vuilleumier, 2006)。但也有研究发现正、负性刺激之间没有差别,只是表现出了情绪性与中性刺激反应上的差异(Britton, 2006; Codispoti, Ferrari, & Bradley, 2006)。黄宇霞等(2009)以正性、中性和负性情绪图片为刺激材料,采用线索—靶子范式操纵注意资源,考察了不同注意条件下各种情绪刺激引起的 ERPs 波幅的差别,结果发现两种注意水平的 P1、N1、P2 和 N2 成分的波幅存在差异,当注意资源相对充足时,正性与负性刺激引起的 LPC 波幅无显著差异,而当注意资源相对短缺时,负性刺激引起较大的 LPC 波幅,即情绪加工受注意因素调节,负性刺激在资源紧张时可得到优先加工,表现出负性偏向,但是当资源充足时,机体可以调节资源分配而使正性刺激也得到充分加工。本研究采用经典的线索—靶子呈现的 IOR 范式,SOA 为 1 000～1 100 ms,注意资源始终保持充足,无论有效还是无效线索条件均表现出显著的情绪偏向。这与黄宇霞等的研究结果是一致的。本实验中的结果表明 IOR 没有影响到情绪偏向的产生，这更加说明 IOR 是一种注意抑制。也就是说，IOR 是一种自下而上的加工机制，而情绪偏向涉及复杂的认知加工过程，是与个体的经验有关的，是自上而下进行的，两者神经通路不同，因此在辨别面孔的情绪性时，面孔的情绪性对 IOR 没有产生影响，即虽然 IOR 机制对前面曾简单注意过的位置打上了抑制标签，但这种知觉上的注意抑制并不能直接压抑住对该位置上较强烈的刺激内容进行加工，当出现明显的情绪刺激需要进行辨别时，机体仍然会优先加工到它从而做出躲避或逃跑的行为，这种进化上的意义还可以通过考察被试的眼跳等实验做进一步验证。

　　总之，从当前研究二的结果看，在辨别任务中，IOR 不会受到情绪面孔的影响，它的产生可能是由早期的感知觉选择过程引起的，与后期的反应过程关系不大，即 IOR 是与注意有关的抑制，其功能在于对先前曾搜查过的位置阻止注意来提高机体对环境搜索的效率（Posner，1985），其中由脑神经支配的注意动量流的惯性将决定对先前刺激呈现的位置是否进行抑制，进一步说明在视觉搜索过程中，注意的指向与集中对信息的选择有重要意义。当然，目前关于 IOR 的机制的研究还没有达成一致结论，这可能是由于研究方法以及任务的差别造成的，以后的研究还要在改进研究方法、统一实验任务以及考察不同线索和靶子加工的机制等方面做出努力。另外，N170 成分表现出的情绪偏向也进一步说明了当机体面对具有情绪性的信息时会首先表现出高度的唤醒从而快速做出反应，而不管该位置是否先前被注意过或曾经出现过其他信息，这可能是随人类进化而来的一种积极的适应机制。

第四部分 　 结　论

　　研究一分别将情绪面孔作为返回抑制中的线索和目标,要求被试做定位反应,研究二利用 ERPs 技术以具有情绪性的真人面孔为实验材料,要求被试做辨别反应,进一步考察具有生物特性的情绪性面孔对返回抑制的影响及其机制,得到了以下结论。

　　(1)在定位任务中,三种面孔作为线索时均产生了 IOR,而且 IOR 量没有差异,表现出了 IOR 的"盲目"性。

　　(2)在定位任务中,以三种面孔作为目标,即使不要求被试对目标的性质做出判断,目标的性质仍然影响到了 IOR。

　　(3)在辨别任务中,不管是以正性、负性还是中性面孔图片为目标,都产生了 IOR,且三者没有差异,即不同情绪的目标刺激对 IOR 不会产生影响。

　　(4)P1、N1 以及 LRP 的早晚期效应都证明了 IOR 的机制与注意有关,即 IOR 是一种注意抑制而非反应抑制。

　　(5)在 IOR 范式下,要求个体对情绪面孔做辨别反应时,个体对情绪面孔图片有更快更多的加工,表现出了明显的情绪偏向。

第五部分　参考文献

[1] 白露，马慧，黄宇霞，罗跃嘉. 中国情绪图片系统的编制——在46名中国大学生中的试用[J].中国心理卫生杂志，2005，19(11):719-722.

[2] 钞秋玲，白学军，沈德立，徐富明. 不同的注意移动方式对IOR的影响[J]. 中国临床心理学杂志，2007，15(4):363-365.

[3] 陈立翰. 单侧化准备电位的含义和应用[J]. 心理科学进展，2008，16(5):712-720.

[4] 储衡清，周晓林. 注意捕获与自上而下的加工过程[J]. 心理科学进展，2004，12(5):680-687.

[5] 戴琴，冯正直. 抑郁个体对情绪面孔的IOR能力不足[J]. 心理学报，2009，41(12):1175-1188.

[6] 邓晓红，张德玄，黄诗雪，袁雯，周晓林. 阈上和阈下不同情绪线索对IOR的影响[J]. 心理学报，2010，42(3):325-333.

[7] 黄宇霞，罗跃嘉. 负性情绪刺激是否总是优先得到加工：ERP研究[J]. 心理学报，2009，41(9):822-831.

[8] 焦江丽，王勇慧，边国栋. 认知控制对基于位置和颜色IOR的影响[J]. 心理与行为研究，2009，7(1):44-49.

[9] 金志成，陈骐. 一般性注意资源限制对IOR的影响[J]. 心理学报，2003，35(2):163-171.

[10] 李晓轩，王甦. 在不同注意定向条件下是否出现返回抑制的知觉优先[J].心理学报，1999，31(3):241-247.

[11] 罗琬华，曾敏，李凌. 关于返回抑制的一项ERP研究[J]. 心理科学，2003，26(3):562-563.

[12] 彭晓哲，周晓林. 情绪信息与注意偏向[J]. 心理科学进展，2005，13（4）：488-496.

[13] 彭聃龄. 普通心理学(修订版)[M]. 北京：北京师范大学出版社，2003，1.

[14] 王丽丽，邱江，郭亚桥，徐莹，张庆林. 返回抑制的早期 ERP 效应[J]. 西南大学学报，2008，30（12）：164-167.

[15] 王丽丽，罗跃嘉，郭亚桥，张庆林. 面孔方位对返回抑制的影响[J]. 心理科学，2010，33（1）：100-103.

[16] 王甦，陈素芬. 不同作业阶段的分配注意对返回抑制的影响[J]. 心理学报，2000，32（4）：361-367.

[17] 王玉改，王甦. 任务难度对基于位置 IOR 时间进程的影响[J]. 心理科学，1999，22（3）：205-208.

[18] 衣琳琳，苏彦捷，王甦. 同时线索化条件下儿童返回抑制的容量[J]. 心理发展与教育，2004（3）：1-5.

[19] 张明，陈骐. 注意定势对基于空间位置的 IOR 的影响[J]. 心理科学，2004，27（2）：87-290.

[20] 张明，张阳，付佳. 工作记忆对动态范式中基于客体的 IOR 的影响[J]. 心理学报，2007，39（1）：35-42.

[21] 张明，刘宁. 视觉返回抑制的实验范式[J]. 心理科学进展，2007，15（3）：385-393.

[22] Abrams R A, Dobkin R S. The gap effect and inhibition of return: Interactive effects on eye movement latencies[J]. Experimental Brain Research, l984, 98：483-487.

[23] Adolphs R. Neural systems for recognizing emotion[J]. Current Opinion in Neurobiology, 2002, 12（2）：169-177.

[24] Aftanas L I, Varlamov A A, Pavlov S V, et al. Time-dependent cortical asymmetries induced by emotional arousal: EEG analysis of event-related synchronization and desynchronization in individually

defined frequency bands[J]. Int J Psychophysiol, 2002, 44 (1): 67-82.

[25] Anderson A K, Phelps E A. Lesions of the human amygdala impair enhanced perception of emotionally salient events [J]. Nature, 2001, 411 (6835): 305-309.

[26] Anderson A K, Christoff K, Panitz D, De Rosa E, Gabrieli J D. Neural correlates of the automatic processing of threat facial signals[J]. Journal of Neuroscience, 2003, 23 (13): 5627-5633.

[27] Birmingham E, Pratt J. Examining inhibition of return with onset and offset cues in the multiple-cuing paradigm[J]. Acta Psychologica, 2005, 118 (1-2): 101-121.

[28] Bradley B P, Mogg K, Lee Stacey C. Attentional biases for negative information in induced and naturally occurring dysphoria [J]. Behaviour Research and Therapy, 1997, 35 (10): 911-927.

[29] Butcher R P, Kalverboer F A, Geuze H R. Inhibition or return in very young infants: a longitudinal study[J]. Infant Behavior & Development.1999, 22 (3): 303-319.

[30] Cacioppo J T, Gardner W L, Berntson G G. The affect system has parallel and integrative processing components: form follows function[J]. Journal of Personality and Social Psychology, 1999, 76: 839-855.

[31] Carretie L, Hinojosa J A, Martin-Loeches M, Mercado F, Tapia M. Automatic attention to emotional stimuli: neural correlates[J]. Human Brain Mapping, 2004a, 22: 290-299.

[32] Carretié L, Martín-Loeches M, Hinojosa J A, Mercado F. Emotion and attention interaction studied through event-related potentials[J]. Journal of Cognitive Neuroscience, 2001, 8: 1109-1128.

[33] Carretie L, Martin-Loeches M, Hinojosa J A, Mercado F. Emotion and attention interaction studied through event-related potentials[J]. Journal of Cognitive Neuroscience, 2001a, 13: 1109-1128.

[34] Carretie L, Mercado F, Hinojosa J A, Martin-Loeches M, Sotillo M. Valence-related vigilance biases in anxiety studied through event-related potentials[J]. Journal of Affective Disorders, 2004b, 78: 119-130.

[35] Carretié L, Mercado F, Tapia M, Hinojosa J A. Emotion, attention, and the 'negativity bias', studied through event-related potentials[J]. International Journal of Psychophysiology, 2001, 41: 75-85.

[36] Chica A B, Lupiáñez J. Effects of endogenous and exogenous attention on visual processing: An Inhibition of Return study[J]. Brain Research, 2009, 1278 (30): 75-85.

[37] Codispoti M, Ferrari V, Bradley M M. Repetitive picture processing: autonomic and cortical correlates[J]. Brain Research, 2006, 1068 (1): 213-220.

[38] Codispoti M, Ferrari V, Bradley M M. Repetition and event-related potentials: distinguishing early and late processes in affective picture perception[J]. Journal of Cognitive Neuroscience, 2007, 19: 577-586.

[39] Conroy M A, Polich J. Affective valence and P300 when stimulus arousal level is controlled[J]. Cognition and Emotion, 2007, 21: 891-901.

[40] Crawford L E, Cacioppo J T. Learning where to look for danger: integrating affective and spatial information [J]. Psychological Science, 2002, 13: 449-453.

［41］Cuthbert B N, Schupp H T, Bradley M M, Birbaumer N, Lang P J. Brain potentials in affective picture processing: covariation with autonomic arousal and affective report［J］. Biological Psychology, 2000, 52: 95-111.

［42］Danziger S, Kingstone A, Snyder J J. Inhibition of return to successively stimulated locations in a sequential visual search paradigm［J］. Journal of Experimental Psychology: Human Perception and Performance, 1998, 24 (5): 1467-1475.

［43］Delplanque S, Silvert L, Hot P, Rigoulot S, Sequeira H. Arousal and valence effects on event-related P3a and P3b during emotional categorization［J］. International Journal of Psychophysiology, 2006a, 60: 315-322.

［44］Dodd M D, Castel A D, Pratt J. Inhibition of return with rapid serial shifts of attention: implications for memory and visual search ［J］. Perception & Psychophysics, 2003, 65(7): 1126-1135.

［45］Dolcos F, Cabeza R. Event-related potentials of emotional memory: encoding pleasant, unpleasant, and neutral pictures［J］. Cognitive, Affective, and Behavioral Neuroscience, 2002, 2: 252-263.

［46］Eastwood J D, Smilek D, Merikle P M. Negative facial expression captures attention and disrupts performance［J］. Perception & Psychophysics, 2003, 65: 352-358.

［47］Faucher B L, Briand K A, Sereno A B. Delayed onset of inhibition of return in schizophrenia［J］. Progress in Neuro-Psychopharmacology & Biological Psychiatry, 2002, 26: 505-512.

［48］Fox E, Russo R, Dutton K. Attentional bias for threat: Evidence for delayed disengagement from emotional faces［J］. Cognition and Emotion, 2002, 16 (3): 355-379.

[49] Fox E, Lester V, Russo R, Bowles R J, Pichler A, Dutton K. Facial expressions of emotion: Are angry faces detected more efficiently? [J]. Cognition & Emotion, 2000, 14: 61-92.

[50] Fraser W S, Philippe G S. Smile through your fear and sadness[J]. Psychological Science, 2009, 20: 1202-1208.

[51] Fuentes L J, Santiago E. Spatial and semantic inhibitory processing in schizophrenia[J]. Neuropsychology, 1999, 13 (2): 259-270.

[52] Fuentes L J, Boucart M, Alvarez R, et al. Inhibitory processing in visuospatial attention in healthy adults and schizophrenic patients [J]. Schizophrenia Research, 1999, 40: 75-80.

[53] Gibson B S, Egeth H. Inhibition and disinhibtion of return: Evidence from temporal order judgements [J]. Perception and Psychophysics, 1994, 56: 669-680.

[54] Godijin R, Theeuwes J. Oculomotor capture and inhibition of return: Evidence for an oculomotor suppression account of IOR[J]. Psychological Research/Psychologishce Forschung, 2000, 66: 234-246.

[55] Halgren E, Raij T, Marinkovic K, Jousmaki V, Hari R. Cognitive response profile of the human fusiform face area as determined by MEG[J]. Cerebral Cortex, 2000, 10 (1): 69-81.

[56] Hansen C H, Hansen R D. Finding the face in the crowd: an anger superiority effect[J]. Journal of Personality and Social Psychology, 1988, 54: 917-924.

[57] Hess U, Blairy S, Kleck R E. The intensity of emotional facial expressions: Does the sex of the subjects interact with the sex of the stimulus face? [J]. Cortex, 1997, 9: 325-331.

[58] Hopfinger J B, et al. The neural mechanisms of top-down attentional control[J]. Nature Neuroscience, 2000, 3: 284-291.

[59] Hopfinger J B, Mangun G R. Reflexive attention modulates processing of visual stimuli in human extrastriate cortex[J]. Psychological Science, 1998, 9: 441-447.

[60] Hopfinger J B, Mangun G R. Tracking the influence of reflexive attention on sensory and cognitive processing [J]. Cognitive, Affective & Behavioral Neuroscience, 2001, 1: 56-65.

[61] Horowitz T S, Wolfe J M. Search for multiple targets: Remember the targets, forget the search[J]. Perception & Psychophysics, 2001, 63 (2): 272-285.

[62] Horstmann G. Preattentive face processing: What do visual search experiments with schematic faces tell us? [J]. Visual Cognition, 2007, 15: 799-833.

[63] Horstmann G, Bauland A. Search asymmetries with real faces: Testing the anger-superiority effect[J]. Emotion, 2006, 6: 193-207.

[64] Horstmann G, Scharlau I, Ansorge U. More efficient rejection of happy than of angry face distractors in visual search [J]. Psychonomic Bulletin & Review, 2006, 13: 1067-1073.

[65] Kawasaki H, Kaufman O, Damasio H, Damasio A R, Granner M, Bakken H, et al. Single-neuron responses to emotional visual stimuli recorded in human ventral prefrontal cortex[J]. Nature Neuroscience, 2001, 4 (1): 15-16.

[66] Kemp A H, Gray M A, Eide P, et al. Steady-state visually evoked potential topography during processing of emotional valence in healthy subjects[J]. Neuroimage, 2002, 17 (4): 1684-1692.

[67] Kirita T, Endo M. Happy face advantage in recognizing facial expressions[J]. Acta Psychologica, 1995, 89: 149-163.

[68] Klein R M, Taylor T L. Categories of cognitive inhibition, with

reference to attention. In D. Dagenbach & T. H. Carr (Eds.), Inhibitory processes in attention, memory, and language (pp. 113-150), San Diego, CA: Academic Press, 1994.

[69] Klein R M, Schmidt W C. Disinhibition of return: Unnecessary and unlikely[J]. Perception and psychophysics, 1998, 60: 862-872

[70] Lang P J. The emotion probe: studies of motivation and attention [J]. American Psychologist, 1995, 50 (5): 372-385.

[71] Lange W G, Heuer K, Reinecke A, Becker E S, Rinck M. Inhibition of return is unimpressed by emotional cues[J]. Cognition and Emotion, 2008, 22: 1433-1456.

[72] Larrison-Faucher A, Briand K A, Sereno A B. Delayed onset of inhibition of return in schizophrenia [J]. Progress in Neuro-Psychopharmacology & Biological Psychiatry, 2002, 26: 505-512.

[73] Mack A, Pappas Z, Silverman M, Gay R. What we see: Inattention and the capture of attention by meaning[J]. Consciousness and Cognition, 2002, 11: 488-506.

[74] Maylor E A, Hockey R. Inhibitory components of externally controlled covert orienting in visual space[J]. Journal of Experimental Psychology: Human Performance and Perception, 1985, 11: 777-787.

[75] McCrae C S, Abrams R A. Age-related differences in object and location based inhibition of return of Attention[J]. Psychology and Aging, 2001, 16 (3): 437-449.

[76] McDonald J J, Lawrence M W, Kiehl K A. An event-related brain potential study of inhibition of return [J]. Perception & Psychophysics. 1999, 61 (7): 1411-1423.

[77] McDonald J J, Hickey C, Green J J, et al. Inhibition of Return in the Covert Deployment of Attention: Evidence from Human

Electrophysiology[J]. Journal of Cognitive Neurosicience, 2009, 21 (4): 725-733.

[78] Meinke A, Thiel C M, Fink G R. Effects of nicotine on visuospatial selective attention as indexed by event-related potentials[J]. Neuroscience, 2006, 141 (1): 201-212.

[79] Miller G. The good, the bad, and the anterior cingulate[J]. Science, 2002, 295: 2193-2194.

[80] Nelson C A. The recognition of facial expressions in the first two years of life: Mechanisms of development[J]. Child Development, 1987, 58: 889-909.

[81] Northoff G, Richter A, Gessner M, Schlagenhauf F, Fell J, et al. Functional dissociation between medial and lateral prefrontal cortical apatiotemporal activation in negative and positive emotions: A combined fMRI/MEG study[J]. Cerebral Cortex, 2000, 10: 93-107.

[82] Nothdurft, Hans-Christoph. Faces and facial expressions do not pop out[J]. Perception, 1993, 22: 1287-1298.

[83] Öhman A, Lundqvist D, Esteves F. The face in the crowd revisited: threat advantage with schematic stimuli[J]. Journal of Personality and Social Psychology, 2001, 80: 381-396.

[84] Öhman A, Mineka S. Fears, phobias, and preparedness: toward an evolved module of fear and fear learning[J]. Psychological Review, 2001, 108: 483-522.

[85] Olofsson J K, Polich J. Affective visual event-related potentials: arousal, repetition, and time-on-task[J]. Biological Psychology, 2007, 75: 101-108.

[86] Pastötter B, Hanslmayr S, Bäuml K H. Inhibition of Return Arises from Inhibition of Response Processes: An Analysis of

Oscillatory Beta Activity[J]. Journal of Cognitive Neurosicience, 2008, 20 (1): 65-75.

[87] Phillips M L, Drevets W C, Rauch S L, Lane R. Neurobiology of Emotion Perception I: the neural basis of normal emotion perception[J]. Biological Psychiatry, 2003, 54: 504-514.

[88] Posner M I, Petersen S E. The attention system of the human brain[J]. Annual Review of Neuroscience, 1990, 13: 25-42.

[89] Posner M I, Rafal R D, Choate L S, Vaughan J. Inhibition of return: Nural basis and function[J]. Cognitive Neuropsychology, 1985, 2 (2): 211-228.

[90] Pourtois G, Grandjean D, Sander D, Vuilleumier P. Electrophysiological correlates of rapid spatial orienting towards fearful faces [J]. Cerebral Cortex, 2004, 14 (6): 619-633.

[91] Pourtois G, Schwartz S, Seghier M L, Lazeyras F, Vuilleumier P. Neural systems for orienting attention to the location of threat signals: an event-related fMRI study[J]. Neuroimage, 2006, 31 (2): 920-933.

[92] Pratt J, Abrams R A. Inhibition of return to successively cued spatial locations[J]. Journal of Experimental Psychology: Human Perception & Performance, 1995, 21 (6): 1343-1353.

[93] Pratt J, Spalik T M, Bradsha W F. The time to detect targets at inhibited and non-inhibited locations: Preliminary evidence for attentional momentum[J]. Journal of Experimental Psychology: human perception and performance, 1999, 25 (3): 730-746.

[94] Pratt J, Abrams R A. Inhibition of return to successively cued spatial locations[J]. Journal of Experimental Psychology: Human Perception & Performance, 1995, 21 (6): 1343-1353.

[95] Pratto F, John O P. Automatic vigilance: the attention-grabbing

power of negative social information[J]. Journal of Personality and Social Psychology, 1991, 61: 380-391.

[96] Prime D J, Jolicoeur P. Response-selection Conflict Contributes to Inhibition of Return[J]. Journal of Cognitive Neurosicience, 2009, 21 (5): 991-999.

[97] Prime D J, Ward L M. Cortical expressions of inhibition of return [J]. Brain Research, 2006, 1072 (1): 161-174.

[98] Roggeveen A B, David J, Prime D J, Ward L M. Inhibition of return and response repetition within and between modalities[J]. Experimental Brain Research, 2005, 147 (1): 86-94.

[99] Sapir A, Soroker N, Berger A, et al. Inhibition of return in spatial attention: Direct evidence for collicular generation[J]. Nature Neuroscience, 1999, 2 (12): 1053-1054.

[100] Schmidt W C. Inhibition of return is not detected using illusory line motion[J]. Perception and Psychophysics, 1996, 58: 883-898.

[101] Schupp H T, Cuthbert B N, Bradley M M, et al. Probe P3 and blinks: two measures of affective startle modulation [J]. Psychophysiology, 1997, 34(1): 1-6.

[102] Schupp H T, Cuthbert B N, Bradley M M, Cacioppo J T, Ito T, Lang P J. Affective picture processing: the late positive potential is modulated by motivational relevance[J]. Psychophysiology, 2000, 37: 257-261.

[103] Schupp H T, Cuthbert B N, Bradley M M, Hillman C H, Hamm A O, Lang P J. Brain processes in emotional perception: motivated attention[J]. Cognition and Emotion, 2004a, 18: 593-611.

[104] Schupp H T, Junghöfer M, Weike A I, Hamm A O. The

selective processing of briefly presented affective pictures: an ERP analysis[J]. Psychophysiology, 2004b, 41: 441-449.

[105] Smith N K, Cacioppo J T, Larsen J T, Chartrand T L. May I have your attention, please: Electrocortical responses to positive and negative stimuli[J]. Neuropsychologia, 2003, 41(2): 171-183.

[106] Snyder J J, Kingstone A. Inhibition of return at multiple locations in visual search: When you see it and when you don't[J]. The Quarterly Journal of Experimental Psychology, 2001, 54 (4): 1221-1237.

[107] Snyder J J, Schmidt C W, Kingstone A. Attentional momentum does not underlie the inhibition of return effect[J]. Journal of Experimental Psychology: Human Perception and performance. 2001, 27 (6): 1420-1432.

[108] Spence C J, Driver J. Inhibition of return following an auditory cue: the role of central reorienting events[J]. Experimental Brain Research, 1998, 118 (3): 352-360.

[109] Spence C J, Lloyd D, Nicholls M, McGlone F, Driver J. Inhibition of return is supramodal: a demonstration between all possible pairings of vision, touch and audition[J]. Experimental Brain Research, 2000, 134 (1): 42-48.

[110] Stoyanova R S, Pratt J, Anderson A K. Inhibition of return to social signals of fear[J]. Emotion, 2007, 7: 49-56.

[111] Tassinari G, Aglioti S, Chelazzi L, Marizi C A, Berlucchi G. Distribution in the visual field of the cross of voluntarily associated attention and of the inhibitory after-effects of covert orienting[J]. Neuropsychologia, 1987, 25: 55-71.

[112] Taylor S E. Asymmetrical effects of positive and negative events:

the mobilization-minimization hypothesis [J]. Psychological Bulletin, 1991, 110: 67-85.

[113] Taylor T L, Therrien M E. Inhibition of return for the discrimination of faces[J]. Perception & Psychophysics, 2008, 70 (2): 279-290.

[114] Taylor T L, Klein R M. On the causes and effects of inhibition of return[J]. Psychonomic Bulletin & Review, 1998, 5: 625-643.

[115] Taylor T L, Therrien M E. Inhibition of return for faces[J]. Perception & Psychophysics, 2005, 67: 1414-1422.

[116] Theeuwes J, Stigchel S V. Faces capture attention: Evidence from inhibition of return[J]. Visual cognition, 2006, 13 (6): 657-665.

[117] Tian Y, Yao D Z. A study on the neural mechanism of inhibition of return by the event-related potential in the Go/Nogo task[J]. Biological Psychology, 2008, 79 (2): 171-178.

[118] Tipper S P, Weaver B, Watson F L. Inhibition of return to successively cued spatial locations: Commentary on Pratt and Abrams (1995)[J]. Journal of Experimental Psychology: Human Perception and Performance, 1996, 22: 1289-1293.

[119] Tucker D M, Hartry-Speiser A, McDougal L, et al. Mood and spatial memory: Emotion and right hemisphere contribution to spatial cognition[J]. Biological Psychology, 1999, 50: 103-125.

[120] Ulf Dimberg, Monika Thunberg, Kurt Elmehed. Unconscious facial reactions to emotional facial expressions[J]. Psychological Science, 2000, 11: 86-89.

[121] Vogel E K, Luck S J. The visual N1 component as an index of a discrimination process[J]. Psychophysiology, 2000, 37: 190-203.

[122] Vuilleumier P, Armony J L, Clarke K, Husain M, Driver J,

Dolan R J. Neural response to emotional faces with and without awareness: event-related fMRI in a parietal patient with visual extinction and spatial neglect[J]. Neuropsychologia, 2002, 40: 2156-2166.

[123] Vuilleumier P, Armony J L, Driver J, Dolan R J. Effects of Attention and Emotion on Face Processing in the Human Brain: An Event-Related fMRI Study[J]. Neuron, 2001, 30: 829-841.

[124] Vuilleumier P, Schwartz S. Emotional facial expressions capture attention[J]. Neurology, 2001, 56: 153-158.

[125] White M. Preattentive analysis of facial expressions of emotion [J]. Cognition & Emotion, 1995, 9: 439-460.

[126] Williams M A, Moss S A, Bradshaw J L, Mattingley J B. Look at me, I'm smiling: Visual search for threatening and nonthreatening facial expressions[J]. Visual Cognition, 2005, 12: 29-50.

[127] Wolfe J M, Horowitz T S. What attributes guide the deployment of visual attention and how do they do it? [J]. Nature Reviews Neuroscience, 2004, 5: 495-501.

第六部分　　　附　录

练习材料

正性 （愉快）	认同度	强度	负性 （恐惧）	认同度	强度	中性 （平静）	认同度	强度
HF52	100.00	5.00	FF10	72.73	5.00	NEF108	82.83	5.09
HM14	93.48	5.08	FM13	63.64	5.03	NEF112	71.72	5.32

研究一材料

正性 （愉快）	认同度	强度	负性 （恐惧）	认同度	强度	中性 （平静）	认同度	强度
HF1	100.00	6.18	FF6	71.72	5.55	NEF1	92.39	5.85
HF9	100.00	5.85	FF7	72.73	6.51	NEF3	90.22	5.59
HF11	100.00	5.88	FF8	80.81	5.46	NEF8	92.39	5.55
HF12	98.91	5.57	FF11	79.80	6.41	NEF14	92.39	5.75
HF21	100.00	5.58	FF13	74.75	6.59	NEF16	92.39	5.60
HF40	98.91	5.59	FF14	83.84	5.59	NEF35	94.57	6.05
HF50	98.91	5.73	FF15	76.77	5.39	NEF43	94.57	6.18
HF76	100.00	5.75	FF17	77.78	5.53	NEF59	93.48	5.69
HF82	98.91	5.52	FF18	77.78	6.64	NEF63	96.74	5.64
HF92	97.83	6.06	FF19	87.88	6.13	NEF66	93.48	6.03

（续表）

正性 （愉快）	认同度	强度	负性 （恐惧）	认同度	强度	中性 （平静）	认同度	强度
HF93	98.91	5.73	FF20	88.89	5.89	NEF76	94.57	6.02
HF105	98.99	5.99	FF21	79.80	5.29	NEF91	94.95	5.68
HF113	98.99	5.72	FF22	78.79	5.85	NEF96	97.98	5.99
HF114	100.00	6.02	FF23	75.76	5.75	NEF101	95.96	5.89
HF125	97.98	6.00	FF24	72.73	5.33	NEF105	91.92	5.58
HM10	98.91	5.58	FM10	75.76	6.59	NEM11	94.57	5.33
HM17	98.91	5.75	FM11	71.72	5.73	NEM21	92.39	5.74
HM26	100.00	5.78	FM17	72.73	5.54	NEM27	96.74	5.73
HM27	97.83	5.68	FM19	73.74	5.53	NEM29	93.48	5.60
HM35	96.74	5.31	FM20	83.84	5.73	NEM55	90.22	6.01
HM40	98.91	6.10	FM21	73.74	5.63	NEM61	94.57	5.74
HM45	95.65	5.69	FM22	72.73	5.81	NEM65	93.48	5.64
HM73	100.00	6.02	FM24	76.77	5.47	NEM88	93.48	6.07
HM78	100.00	6.04	FM26	84.85	6.18	NEM89	91.30	5.58
HM80	100.00	6.14	FM27	60.61	6.18	NEM91	92.93	6.14
HM85	100.00	6.05	FM28	82.83	6.09	NEM95	94.95	5.79
HM94	100.00	6.22	FM30	76.77	5.38	NEM99	98.99	6.10
HM107	95.96	5.65	FM33	82.83	5.74	NEM101	94.95	5.65
HM119	100.00	5.84	FM35	68.69	6.59	NEM102	93.94	6.03
HM123	97.98	5.76	FM36	83.84	6.47	NEM104	96.97	6.20

研究二材料

正性（愉快）	认同度	强度	负性（恐惧）	认同度	强度	中性（平静）	认同度	强度
HF1	100.00	6.18	FF4	76.77	6.97	NEF1	92.39	5.85
HF9	100.00	5.85	FF6	71.72	5.55	NEF3	90.22	5.59
HF11	100.00	5.88	FF7	72.73	6.51	NEF8	92.39	5.55
HF12	98.91	5.57	FF8	80.81	5.46	NEF14	92.39	5.75
HF15	100.00	6.92	FF9	74.75	5.18	NEF16	92.39	5.60
HF21	100.00	5.58	FF11	79.8	6.41	NEF35	94.57	6.05
HF40	98.91	5.59	FF13	74.75	6.59	NEF43	94.57	6.18
HF47	98.91	5.24	FF14	83.84	5.59	NEF59	93.48	5.69
HF50	98.91	5.73	FF15	76.77	5.39	NEF62	96.74	5.93
HF76	100.00	5.75	FF16	78.79	6.92	NEF63	96.74	5.64
HF82	98.91	5.52	FF17	77.78	5.53	NEF66	93.48	6.03
HF85	96.74	5.22	FF18	77.78	6.64	NEF76	94.57	6.02
HF88	98.91	5.21	FF19	87.88	6.13	NEF87	97.98	5.94
HF92	97.83	6.06	FF20	88.89	5.89	NEF88	94.95	5.95
HF93	98.91	5.73	FF21	79.8	5.29	NEF91	94.95	5.68
HF113	98.99	5.72	FF22	78.79	5.85	NEF96	97.98	5.99
HF114	100.00	6.02	FF23	75.76	5.75	NEF99	93.94	5.97
HF105	98.99	5.99	FF24	72.73	5.33	NEF101	95.96	5.89
HF120	98.99	6.95	FF25	67.68	5.18	NEF102	96.97	5.95
HF125	97.98	6.00	FF27	62.63	5.23	NEF105	91.92	5.58

（续表）

正性 （愉快）	认同度	强度	负性 （恐惧）	认同度	强度	中性 （平静）	认同度	强度
HM10	98.91	5.58	FM3	71.72	6.8	NEM8	91.30	5.93
HM17	98.91	5.75	FM4	76.77	6.89	NEM11	94.57	5.33
HM26	100.00	5.78	FM10	75.76	6.59	NEM21	92.39	5.74
HM27	97.83	5.68	FM11	71.72	5.73	NEM27	96.74	5.73
HM35	96.74	5.31	FM15	80.81	7.04	NEM29	93.48	5.60
HM40	98.91	6.10	FM17	72.73	5.54	NEM52	90.22	5.89
HM45	95.65	5.69	FM19	73.74	5.53	NEM55	90.22	6.01
HM73	100.00	6.02	FM20	83.84	5.73	NEM57	90.22	5.95
HM78	100.00	6.04	FM21	73.74	5.63	NEM61	94.57	5.74
HM80	100.00	6.14	FM22	72.73	5.81	NEM65	93.48	5.64
HM85	100.00	6.05	FM24	76.77	5.47	NEM88	93.48	6.07
HM94	100.00	6.22	FM25	88.89	6.92	NEM89	91.30	5.58
HM95	100.00	6.92	FM26	84.85	6.18	NEM90	93.94	5.99
HM99	100.00	7.02	FM27	60.61	6.18	NEM91	92.93	6.14
HM104	100.00	6.78	FM28	82.83	6.09	NEM95	94.95	5.79
HM107	95.96	5.65	FM30	76.77	5.38	NEM99	98.99	6.10
HM114	98.99	6.89	FM31	64.65	5.38	NEM101	94.95	5.65
HM119	100.00	5.84	FM33	82.83	5.74	NEM102	93.94	6.03
HM122	97.98	5.36	FM35	68.69	6.59	NEM104	96.97	6.20
HM123	97.98	5.76	FM36	83.84	6.47	NEM109	96.97	5.98